시험 직전 한눈에 보는 제어공학 암기노

1 전달함수

(1) 전달함수의 정의

모든 초기값을 0으로 했을 때 입력신호의 라플라스 변환과 출력신호의 라플라스 변환의 비

$$전달함수 \ G(s) = \frac{\mathcal{L}\,[c(t)]}{\mathcal{L}\,[r(t)]} = \frac{C(s)}{R(s)}$$

(2) 전기계와 물리계의 유추해석

전기계	병진운동계	회전운동계
전하 : Q	변위 : y	각변위 : θ
전류 : I	속도 : v	각속도 : ω
전압 : E	힘 : F	토크 : T
저항 : R	마찰저항 : B	회전마찰 : B
인덕턴스 : L	질량 : M	관성모멘트 : J
정전용량 : C	스프링상수 : K	비틀림강도 : K

2 블록선도와 신호흐름선도

(1) 블록선도의 기본기호

명 칭	심 벌	내 용
① 전달요소	$G(s)$	입력신호를 받아서 적당히 변환된 출력신호를 만드는 부분으로 네모 속에는 전달함수를 기입한다.
② 화살표	$A(s) \rightarrow G(s) \rightarrow B(s)$	신호의 흐르는 방향을 표시하며 $A(s)$는 입력, $B(s)$는 출력이므로 $B(s) = G(s) \cdot A(s)$ 로 나타낼 수 있다.

명 칭	심 벌
③ 가합점	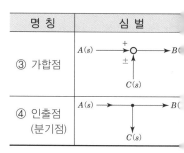
④ 인출점 (분기점)	

(2) 블록선도의 기본접속

① 직렬접속

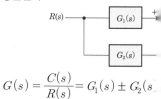

$$G(s) = \frac{C(s)}{R(s)} = G_1(s) \cdot G_2(s)$$

② 병렬접속

$$G(s) = \frac{C(s)}{R(s)} = G_1(s) \pm G_2(s)$$

③ 피드백접속(궤환접속)

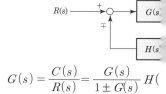

$$G(s) = \frac{C(s)}{R(s)} = \frac{G(s)}{1 \pm G(s)} H(s)$$

(3) 블록선도의 용어

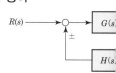

	응답곡선
	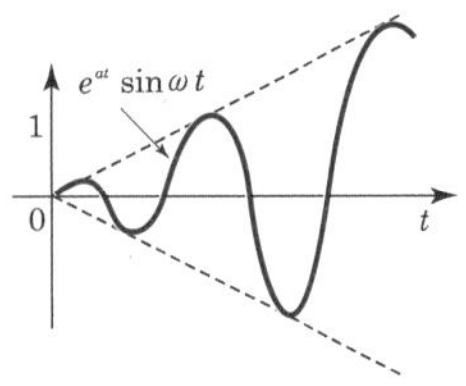 진동이 점점 증가되므로 불안정하다.
	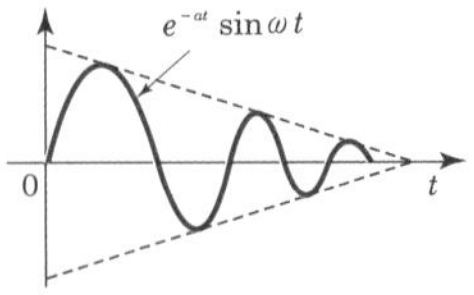 진동이 점점 적어지므로 안정하다.

^{2}

$_n s + \omega_n^2$

$\sqrt{1-\delta^2} = -\sigma \pm j\omega$

계수

- 고유주파수

수

세 주파수 또는 감쇠 진동주파수

세동

동

(s)
$G(s)$

$= \dfrac{1}{1+K_p}$

$\mathrm{m}\, G(s)$
$\to 0$

② 정상속도편차(e_{ssv}) : $e_{ssv} = \dfrac{1}{K_v}$

- 속도편차상수 : $K_v = \lim\limits_{s \to 0} s\, G(s)$

③ 정상가속도편차(e_{ssa}) : $e_{ssa} = \dfrac{1}{K_a}$

- 가속도편차상수 : $K_a = \lim\limits_{s \to 0} s^2\, G(s)$

(6) 제어계의 형 분류

개루프(loop) 전달함수 $G(s)H(s)$의 원점에서의 극점의 수

$G(s)H(s) = \dfrac{K}{s^n}$

① $n=0$일 때 0형 제어계 : $G(s)H(s) = K$

② $n=1$일 때 1형 제어계 : $G(s)H(s) = \dfrac{K}{s}$

③ $n=2$일 때 2형 제어계 : $G(s)H(s) = \dfrac{K}{s^2}$

(7) 제어계의 형에 따른 정상편차와 편차상수

제어계 형	편차상수			정상편차			비 고
	K_p	K_v	K_a	위치 편차	속도 편차	가속도 편차	
0	K	0	0	$\dfrac{R}{1+K}$	∞	∞	• 계단입력 : $\dfrac{R}{s}$
1	∞	K	0	0	$\dfrac{R}{K}$	∞	• 속도입력 : $\dfrac{R}{s^2}$
2	∞	∞	K	0	0	$\dfrac{R}{K}$	• 가속도입력 : $\dfrac{R}{s^3}$
3	∞	∞	∞	0	0	0	

(8) 감도

폐루프 전달함수 T의 미분감도 : $S_K^T = \dfrac{K}{T}\dfrac{dT}{dK}$

4 주파수응답

(1) 제어요소의 벡터궤적

① 미분요소 : $G(s) = s$

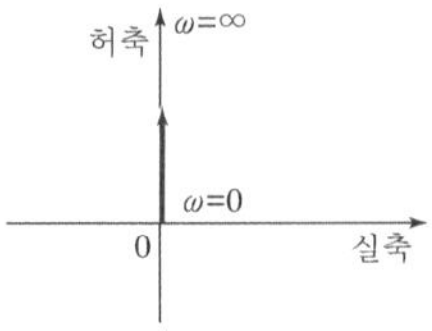

② 적분요소 : $G(s) = \dfrac{1}{s}$

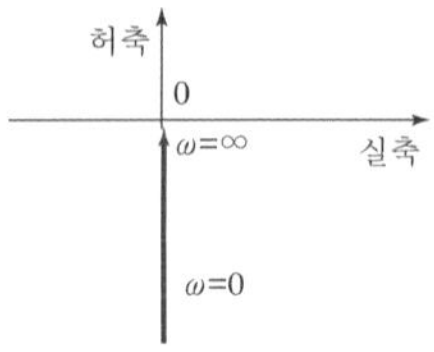

3 제어계의 과도응답 및 정상편차

(1) 과도응답

① 임펄스응답 : $y(t) = \mathcal{L}^{-1}[Y(s)] = \mathcal{L}^{-1}[G(s) \cdot 1]$

② 계단(인디셜)응답 : $y(t) = \mathcal{L}^{-1}[Y(s)] = \mathcal{L}^{-1}\left[G(s) \cdot \dfrac{1}{s}\right]$

③ 경사(램프)응답 : $y(t) = \mathcal{L}^{-1}[Y(s)] = \mathcal{L}^{-1}\left[G(s) \cdot \dfrac{1}{s^2}\right]$

(2) 시간응답특성

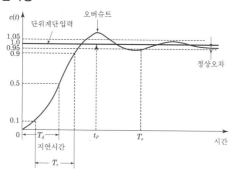

‖ 대표적인 계단응답의 과도응답특성 ‖

① 오버슈트(overshoot) : 입력과 출력 사이의 최대 편차량
② 지연시간(delay time) : 응답이 최초로 목표값의 50[%]가 되는 데 요하는 시간
③ 감쇠비(decay ratio) : 과도응답의 소멸되는 속도를 나타내는 양

$$감쇠비 = \frac{제2오버슈트}{최대 \; 오버슈트}$$

④ 상승시간(rise time) : 응답이 목표값의 10[%]부터 90[%]까지 도달하는 데 요하는 시간
⑤ 정정시간(settling time) : 응답이 목표값의 ±5[%] 이내에 도달하는 데 요하는 시간

(3) 특성방정식의 근의 위치와 응답곡선

s 평면상의 근 위치	응답곡선
‖ 실수축상에 존재 ‖	
‖ 허수축상에 존재 ‖	

‖ s 평면상의 근 위치 ‖

‖ 우반부에 존재 ‖

‖ 좌반부에 존재 ‖

(4) 2차계의 과도응답

$$G(s) = \frac{C(s)}{R(s)} = \frac{\omega}{s^2 + 2\delta\omega}$$

① 특성방정식

$$s^2 + 2\delta\omega_n s + \omega_n^2 = 0$$

② 특성방정식의 근

$$s_1, \; s_2 = -\delta\omega_n \pm j\omega$$

㉠ δ : 제동비 또는 감쇠
㉡ ω_n : 자연주파수 또는
㉢ $\sigma = \delta\omega_n$: 제동계수
㉣ $\tau = \dfrac{1}{\sigma} = \dfrac{1}{\delta\omega_n}$: 시정
㉤ $\omega = \omega_n\sqrt{1-\delta^2}$: 실

③ 제동비(δ)에 따른 응답
㉠ $\delta < 1$인 경우 : 부족
㉡ $\delta = 1$인 경우 : 임계제
㉢ $\delta > 1$인 경우 : 과제
㉣ $\delta = 0$인 경우 : 무제동

(5) 정상편차

$$e_{ss} = \lim_{s \to 0} s\left[\frac{R}{1+}\right.$$

① 정상위치편차(e_{ssp}) : e_{ssp}

• 위치편차상수 : $K_p = 1$

전달함수 $\dfrac{C(s)}{R(s)} = \dfrac{G(s)}{1 \mp G(s)H(s)}$

① $H(s)$: 피드백 전달함수
② $G(s)H(s)$: 개루프 전달함수
③ $H(s) = 1$인 경우 : 단위 궤환제어계
④ 특성방정식 : 전달함수의 분모가 0이 되는 방정식
$$1 \mp G(s)H(s) = 0$$
⑤ 영점(○) : 전달함수의 분자가 0이 되는 s의 근
⑥ 극점(×) : 전달함수의 분모가 0이 되는 s의 근

(4) 신호흐름선도의 이득공식

메이슨(Mason)의 정리 : $M(s) = \dfrac{C}{R} = \dfrac{\displaystyle\sum_{k=1}^{n} G_k \Delta_k}{\Delta}$

- G_k : k번째의 전향경로(forword path)이득
- Δ_k : k번째의 전향경로와 접하지 않은 부분에 대한 Δ의 값
$$\Delta = 1 - \sum L_{n1} + \sum L_{n2} - \sum L_{n3} + \cdots$$
- $\sum L_{n1}$: 개개의 폐루프의 이득의 합
- $\sum L_{n2}$: 2개 이상 접촉하지 않는 loop 이득의 곱의 합
- $\sum L_{n3}$: 3개 이상 접촉하지 않는 loop 이득의 곱의 합

(5) 증폭기

① 이상적인 연산증폭기의 특성
  ㉠ 입력임피던스 : $Z_i = \infty$
  ㉡ 출력임피던스 : $Z_o = 0$
  ㉢ 전압이득 : $A = \infty$
② 연산증폭기의 종류
  ㉠ 가산기

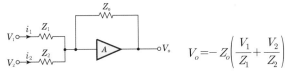

$$V_o = -Z_o\left(\dfrac{V_1}{Z_1} + \dfrac{V_2}{Z_2}\right)$$

  ㉡ 미분기

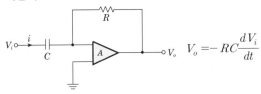

$$V_o = -RC\dfrac{dV_i}{dt}$$

  ㉢ 적분기

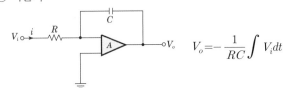

$$V_o = -\dfrac{1}{RC}\int V_i dt$$

내 용
두 가지 이상의 신호가 있을 때 이들 신호의 합과 차를 만드는 부분으로 $B(s) = A(s) \pm C(s)$가 된다.
한 개의 신호를 두 계통으로 분기하기 위한 점으로 $A(s) = B(s) = C(s)$가 된다.

(7) 실수축상의 근궤적

$G(s)H(s)$의 실극점과 실영점으로 실축이 분할될 때 어느 구간에서 오른쪽으로 실축상의 극점과 영점을 헤아려 갈 때 만일 총수가 홀수이면 그 구간에 근궤적이 존재하고, 짝수이면 존재하지 않는다.

(8) 근궤적과 허수축 간의 교차점

라우스-후르비츠의 판별법으로부터 구할 수 있다.

(9) 실수축상에서의 분지점(이탈점)

분지점은 $\dfrac{dK}{ds}=0$인 조건을 만족하는 s의 근을 의미한다.

7 상태공간 해석 및 샘플값제어

(1) 상태방정식

계통방정식이 n차 미분방정식일 때 이것을 n개의 1차 미분방정식으로 바꾸어서 행렬을 이용하여 표현한 것

상태방정식 : $\dot{x}(t)=Ax(t)+Br(t)$

여기서, A : 시스템행렬

B : 제어행렬

(2) 상태천이행렬

$$\Phi(t)=\mathcal{L}^{-1}[(sI-A)^{-1}]$$

(3) 특성방정식

$$|sI-A|=0$$

특성방정식의 근을 고유값이라 한다.

(4) 기본함수의 z 변환표

시간함수	s변환	z변환
단위임펄스함수 $\delta(t)$	1	1
단위계단함수 $u(t)$	$\dfrac{1}{s}$	$\dfrac{z}{z-1}$
단위램프함수 t	$\dfrac{1}{s^2}$	$\dfrac{Tz}{(z-1)^2}$
지수감쇠함수 e^{-at}	$\dfrac{1}{s+a}$	$\dfrac{z}{z-e^{-aT}}$
지수감쇠 램프함수 te^{-at}	$\dfrac{1}{(s+a)^2}$	$\dfrac{Tze^{-aT}}{(z-e^{-aT})^2}$
정현파함수 $\sin\omega t$	$\dfrac{\omega}{s^2+\omega^2}$	$\dfrac{z\sin\omega T}{z^2-2z\cos\omega T+1}$
여현파함수 $\cos\omega t$	$\dfrac{s}{s^2+\omega^2}$	$\dfrac{z(z-\cos\omega T)}{z^2-2z\cos\omega T+1}$
$1-e^{-at}$	$\dfrac{a}{s(s+a)}$	$\dfrac{(1-e^{-aT})z}{(z-1)(z-e^{-aT})}$

(5) z 변환의 정리

① 초기값 정리 : $\lim\limits_{k\to 0}r(kT)=\lim\limits_{z\to\infty}R(z)$

② 최종값 정리 : $\lim\limits_{k\to\infty}r(kT)=\lim\limits_{z\to 1}(1-z^{-1})R(z)$

$$=\lim\limits_{z\to 1}\left(1-\dfrac{1}{z}\right)R(z)$$

(6) 복소(s)평면과 z 평면과의 관계

| s평면 |　　　| z평면 |

제어계가 안정되기 위해서는 제어계의 z변환 특성방정식 $1+GH(z)=0$의 근이 $|z|=1$인 단위원 내에만 존재하여야 하고, 이들 특성근이 하나라도 $|z|=1$의 단위원 밖에 위치하면 불안정한 계를 이룬다. 또한 단위원주상에 위치할 때는 임계안정을 나타낸다.

8 시퀀스제어

(1) 시퀀스 기본회로

회로	논리식	논리회로
AND회로	$X=A\cdot B$	
OR회로	$X=A+B$	
NOT회로	$X=\overline{A}$	
NAND회로	$X=\overline{A\cdot B}$	
NOR회로	$X=\overline{A+B}$	

(2) Exclusive OR회로

① 유접점회로

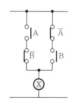

② 논리식

$X=\overline{A}\cdot B+A\cdot\overline{B}=\overline{\overline{AB}(A+B)}=A\oplus B$

③ 논리회로

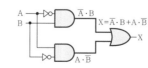

(3) 불대수의 정리

① $A+A=A$　② $\overline{A}\cdot\overline{A}=\overline{A}$　③ $\overline{A}+\overline{A}=\overline{A}$

④ $A\cdot A=A$　⑤ $\overline{A}+A=1$　⑥ $A\cdot\overline{A}=0$

⑦ $A+0=A$　⑧ $A\cdot 0=0$　⑨ $A\cdot 1=A$

(4) 드모르간의 정리

① $\overline{A+B}=\overline{A}\cdot\overline{B}$　② $\overline{A\cdot B}=\overline{A}+\overline{B}$

(5) 부정의 법칙

① $\overline{\overline{A}}=A$　② $\overline{\overline{A}\cdot\overline{B}}=A\cdot B$　③ $\overline{\overline{A}+\overline{B}}=A+B$

9 조절기기 제어동작

x_i : 동작신호, x_o : 조작량

(1) 비례동작(P동작)

$x_o=K_P x_i$ (K_P : 비례감도)

① 잔류편차(offset)가 발생한다.

② 속응성(응답속도)이 나쁘다.

(2) 적분동작(I동작)

$x_o=\dfrac{1}{T_i}\displaystyle\int x_i dt$ (T_i : 적분시간)

잔류편차(offset)를 없앨 수 있다.

(3) 미분동작(D동작)

$x_o=T_D\dfrac{dx_i}{dt}$ (T_D : 미분시간)

오차가 커지는 것을 미연에 방지한다.

(4) 비례적분동작(PI동작)

$x_o=K_P\left(x_i+\dfrac{1}{T_i}\displaystyle\int x_i dt\right)$

정상특성을 개선하여 잔류편차(offset)를 제거한다.

(5) 비례미분동작(PD동작)

$x_o=K_P\left(x_i+T_D\dfrac{dx_i}{dt}\right)$

속응성(응답속도) 개선에 사용된다.

(6) 비례적분미분 동작(PID동작)

$x_o=K_P\left(x_i+\dfrac{1}{T_i}\displaystyle\int x_i dt+T_D\dfrac{dx_i}{dt}\right)$

전달함수 : $G(s)=K_P\left(1+\dfrac{1}{T_i s}+T_D s\right)$

잔류편차(offset)를 제거하고 속응성(응답속도)도 개선되므로 안정한 최적 제어이다.

③ 1차 지연요소

$$G(s) = \frac{1}{1 + Ts}$$

④ 부동작시간 요소

$$G(s) = e^{-LS}$$

(2) 1형 제어계의 벡터 궤적

① $G(s) = \dfrac{K}{s(1 + Ts)}$ 의 벡터궤적

② $G(s) = \dfrac{K}{s(1 + T_1 s)(1 + T_2 s)}$ 의 벡터궤적

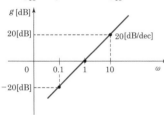

(3) 보드선도

① 미분요소 : $G(s) = s$

이득 : $g = 20\log_{10}|G(j\omega)| = 20\log_{10}\omega$

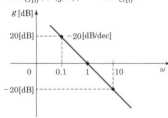

② 적분요소 : $G(s) = \dfrac{1}{s}$

이득 : $g = 20\log_{10}|G(j\omega)| = -20\log_{10}\omega$

③ 1차 앞선요소 : $G(s) = 1 + Ts$

이득 : $g = 20\log|G(j\omega)| = 20\log|1 + j\omega T|$

$\qquad = 20\log\sqrt{1 + \omega^2 T^2}\,$ [dB]

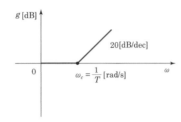

④ 1차 지연요소 : $G(s) = \dfrac{1}{1 + Ts}$

이득 : $g = 20\log|G(j\omega)| = 20\log_{10}\left|\dfrac{1}{1 + j\omega T}\right|$

$\qquad = 20\log_{10}\dfrac{1}{\sqrt{1 + (\omega T)^2}}\,$ [dB]

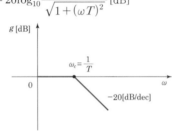

5 안정도

(1) 안정도 판별

① 특성방정식의 근의 위치에 따른 안정도 : 특성방정식의 근, 즉 극점의 위치가 복소평면의 좌반부에 존재 시에는 제어계는 안정하고 우반부에 극점의 위치가 존재하면 불안정하게 된다.

② 안정 필요조건
  ㉠ 특성방정식의 모든 차수가 존재하여야 한다.
  ㉡ 특성방정식의 모든 차수의 계수부호가 같아야 한다. 즉, 부호 변화가 없어야 한다.

(2) 라우스의 안정도 판별법

라우스의 표에서 제1열의 원소부호를 조사

① 제1열의 부호 변화가 없다 : 안정
  특성방정식의 근이 s평면상의 좌반부에 존재한다.

② 제1열의 부호 변화가 있다 : 불안정
  제1열의 부호 변화의 횟수만큼 특성방정식의 근이 s평면상의 우반부에 존재하는 근의 수가 된다.

(3) 나이퀴스트의 안정도 판별법

개loop 전달함수 $G(s)H(s)$의 나이퀴스트선도를 그리고 이것을 ω 증가하는 방향으로 따라갈 때 $(-1, +j0)$점이 왼쪽(좌측)에 있으면 제어계는 안정하고 $(-1, +j0)$점이 오른쪽(우측)에 있으면 제어계는 불안정하다.

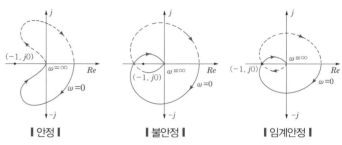

| ∥ 안정 ∥ | ∥ 불안정 ∥ | ∥ 임계안정 ∥ |

(4) 이득여유와 위상여유

① 이득여유$(GM) = 20\log\dfrac{1}{|GH_c|\big|_{\omega=\omega_c}}$ [dB]

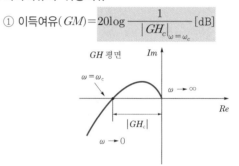

② 위상여유(PM) : 단위원과 나이퀴스트선도와의 교차점을 이득교차점이라 하며, 이득교차점을 표시하는 벡터가 부$(-)$의 실축과 만드는 각

③ 안정계에 요구되는 여유
  ㉠ 이득여유$(GM) = 4 \sim 12$[dB]
  ㉡ 위상여유$(PM) = 30 \sim 60°$

6 근궤적 – 근궤적 작도법

(1) 근궤적의 출발점

근궤적은 $G(s)H(s)$의 극점으로부터 출발한다.

(2) 근궤적의 종착점

근궤적은 $G(s)H(s)$의 영점에서 끝난다.

(3) 근궤적의 개수

근궤적의 개수는 z와 p 중 큰 것과 일치한다.

(4) 근궤적의 대칭성

근궤적은 실수축에 대하여 대칭이다.

(5) 근궤적의 점근선

점근선의 각도 : $a_k = \dfrac{(2K+1)\pi}{p-z}$

여기서, $K = 0, 1, 2, \cdots (K = p - z$까지)

(6) 점근선의 교차점

$$\sigma = \frac{\sum G(s)H(s)\text{의 극점} - \sum G(s)H(s)\text{의 영점}}{p - z}$$

기출과 개념을 한 번에 잡는

제어공학

전수기 지음

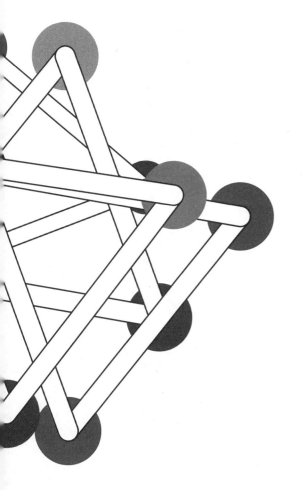

BM (주)도서출판 성안당

■ 도서 A/S 안내

성안당에서 발행하는 모든 도서는 저자와 출판사, 그리고 독자가 함께 만들어 나갑니다.

좋은 책을 펴내기 위해 많은 노력을 기울이고 있습니다. 혹시라도 내용상의 오류나 오탈자 등이 발견되면 "좋은 책은 나라의 보배"로서 우리 모두가 함께 만들어 간다는 마음으로 연락주시기 바랍니다. 수정 보완하여 더 나은 책이 되도록 최선을 다하겠습니다.

성안당은 늘 독자 여러분들의 소중한 의견을 기다리고 있습니다. 좋은 의견을 보내주시는 분께는 성안당 쇼핑몰의 포인트(3,000포인트)를 적립해 드립니다.

잘못 만들어진 책이나 부록 등이 파손된 경우에는 교환해 드립니다.

저자 문의 : jeon6363@hanmail.net(전수기)

본서 기획자 e-mail : coh@cyber.co.kr(최옥현)

홈페이지 : http://www.cyber.co.kr   전화 : 031) 950-6300

이 책을 펴내면서…

전기수험생 여러분!

합격하기도, 학습하기도 어려운 전기자격증시험 어떻게 하면 합격할 수 있을까요? 이것은 과거부터 현재까지 끊임없이 제기되고 있는 전기수험생들의 고민이며 가장 큰 바람입니다.

필자가 강단에서 30여 년 강의를 하면서 안타깝게도 전기수험생들이 열심히 준비하지만 합격하지 못한 채 중도에 포기하는 경우를 많이 보았습니다. 전기자격증시험이 너무 어려워서?, 머리가 나빠서?, 수학실력이 없어서?, 그렇지 않습니다. 그것은 전기자격증 시험대비 학습방법이 잘못되었기 때문입니다.

전기기사·산업기사 시험문제는 전체 과목의 이론에 대해 출제될 수 있는 문제가 모두 출제된 상태로 현재는 문제은행방식으로 기출문제를 그대로 출제하고 있습니다.

따라서 이 책은 기출개념원리에 의한 독특한 교수법으로 시험에 강해질 수 있는 사고력을 기르고 이를 바탕으로 기출문제 해결능력을 키울 수 있도록 다음과 같이 구성하였습니다.

❶ 기출핵심개념과 기출문제를 동시에 학습
  중요한 기출문제를 기출핵심이론의 하단에서 바로 학습할 수 있도록 구성하였습니다.
  따라서 기출개념과 기출문제풀이가 동시에 학습이 가능하여 어떠한 형태로 문제가 출제
  되는지 출제감각을 익힐 수 있게 구성하였습니다.

❷ 전기자격증시험에 필요한 내용만 서술
  기출문제를 토대로 방대한 양의 이론을 모두 서술하지 않고 시험에 필요 없는 부분은
  과감히 삭제, 시험에 나오는 내용만 담아 수험생의 학습시간을 단축시킬 수 있도록 교재를
  구성하였습니다.

이 책으로 인내심을 가지고 꾸준히 시험대비를 한다면 학습하기도, 합격하기도 어렵다는
전기자격증시험에 반드시 좋은 결실을 거둘 수 있으리라 확신합니다.

전수기 씀

기출개념과 문제를
한번에 잡는 합격 구성

기출개념
기출문제에 꼭 나오는 핵심개념을 관련 기출문제와 구성하여 한
번에 쉽게 이해

단원 최근 빈출문제
단원별로 자주 출제되는 기출문제를 엄선하여 출제 가능성이 높은
필수 기출문제 공략

실전 기출문제
최근 출제되었던 기출문제를 풀면서 실전시험 최종 마무리

이 책의 구성과 특징

0 1 기출개념

시험에 출제되는 중요한 핵심개념을 체계적으로 정리해 먼저 제시하고 그 개념과 관련된 기출문제를 동시에 학습할 수 있도록 구성하였다.

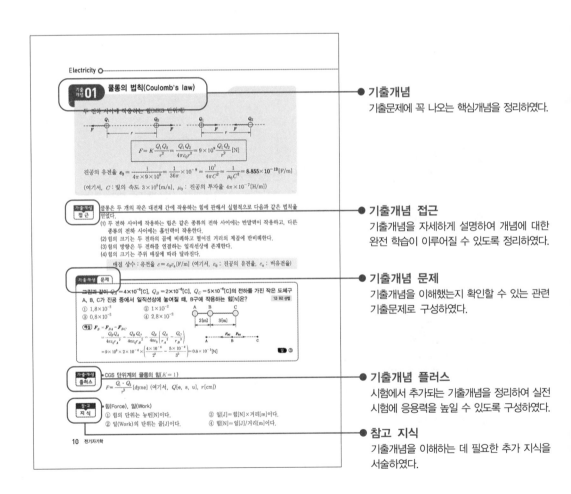

● **기출개념**
기출문제에 꼭 나오는 핵심개념을 정리하였다.

● **기출개념 접근**
기출개념을 자세하게 설명하여 개념에 대한 완전 학습이 이루어질 수 있도록 정리하였다.

● **기출개념 문제**
기출개념을 이해했는지 확인할 수 있는 관련 기출문제로 구성하였다.

● **기출개념 플러스**
시험에서 추가되는 기출개념을 정리하여 실전 시험에 응용력을 높일 수 있도록 구성하였다.

● **참고 지식**
기출개념을 이해하는 데 필요한 추가 지식을 서술하였다.

02 단원별 출제비율

단원별로 다년간 출제문제를 분석한 출제비율을 제시하여 학습방향을 세울 수 있도록 구성하였다.

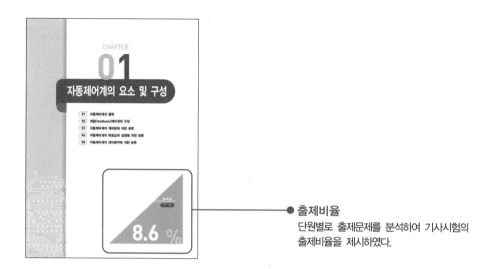

● 출제비율
단원별로 출제문제를 분석하여 기사시험의
출제비율을 제시하였다.

03 단원 최근 빈출문제

자주 출제되는 기출문제를 엄선하여 단원별로 학습할 수 있도록 빈출문제로 구성하였다.

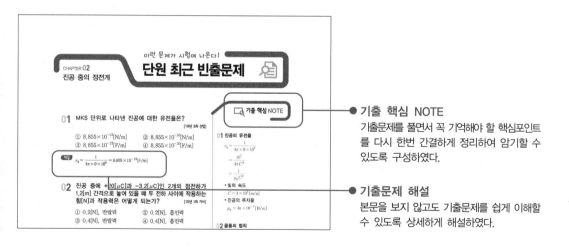

● 기출 핵심 NOTE
기출문제를 풀면서 꼭 기억해야 할 핵심포인트
를 다시 한번 간결하게 정리하여 암기할 수
있도록 구성하였다.

● 기출문제 해설
본문을 보지 않고도 기출문제를 쉽게 이해할
수 있도록 상세하게 해설하였다.

04 최근 과년도 출제문제

실전시험에 대비할 수 있도록 최근 기출문제를 수록하여 시험에 대한 감각을 기를 수 있도록 구성하였다.

전기자격시험안내

01 시행처

한국산업인력공단

02 시험과목

구분	전기기사	전기산업기사	전기공사기사	전기공사산업기사
필기	1. 전기자기학 2. 전력공학 3. 전기기기 4. 회로이론 및 　제어공학 5. 전기설비기술기준	1. 전기자기학 2. 전력공학 3. 전기기기 4. 회로이론 5. 전기설비기술기준	1. 전기응용 및 　공사재료 2. 전력공학 3. 전기기기 4. 회로이론 및 　제어공학 5. 전기설비기술기준	1. 전기응용 2. 전력공학 3. 전기기기 4. 회로이론 5. 전기설비기술기준
실기	전기설비 설계 및 관리	전기설비 설계 및 관리	전기설비 견적 및 시공	전기설비 견적 및 시공

03 검정방법

[기사]
- **필기** : 객관식 4지 택일형, 과목당 20문항(과목당 30분)
- **실기** : 필답형(2시간 30분)

[산업기사]
- **필기** : 객관식 4지 택일형, 과목당 20문항(과목당 30분)
- **실기** : 필답형(2시간)

04 합격기준

- **필기** : 100점을 만점으로 하여 과목당 40점 이상, 전과목 평균 60점 이상
- **실기** : 100점을 만점으로 하여 60점 이상

05 출제기준

■ 전기기사

주요항목	세부항목
1. 자동제어계의 요소 및 구성	(1) 제어계의 종류 (2) 제어계의 구성과 자동제어의 용어 (3) 자동제어계의 분류 등
2. 블록선도와 신호흐름선도	(1) 블록선도의 개요 (2) 궤환제어계의 표준형 (3) 블록선도의 변환 (4) 아날로그계산기 등
3. 상태공간해석	(1) 상태변수의 의의 (2) 상태변수와 상태방정식 (3) 선형시스템의 과도응답 등
4. 정상오차와 주파수응답	(1) 자동제어계의 정상오차 (2) 과도응답과 주파수응답 (3) 주파수응답의 궤적표현 (4) 2차계에서 MP와 WP 등
5. 안정도 판별법	(1) Routh-Hurwitz 안정도 판별법 (2) Nyquist 안정도 판별법 (3) Nyquist 선도로부터의 이득과 위상여유 (4) 특성방정식의 근 등
6. 근궤적과 자동제어의 보상	(1) 근궤적 (2) 근궤적의 성질 (3) 종속보상법 (4) 지상보상의 영향 (5) 조절기의 제어동작 등
7. 샘플값 제어	(1) sampling 방법 (2) z변환법 (3) 펄스전달함수 (4) sample값 제어계의 z변환법에 의한 해석 (5) sample값 제어계의 안정도 등
8. 시퀀스제어	(1) 시퀀스제어의 특징 (2) 제어요소의 동작과 표현 (3) 불대수의 기본정리 (4) 논리회로 (5) 무접점회로 (6) 유접점회로 등

이 책의 차례

부 록

과년도 출제문제

자동제어계의 요소 및 구성

출제비율

기 사

8.6 %

기출개념 01 자동제어계의 종류

1 개루프제어계

(1) 정의

신호의 흐름이 열려 있는 경우의 제어계로 미리 정해진 순서에 따라 각 단계가 순차적으로 진행되므로 시퀀스제어라고도 한다.

(2) 개루프제어계의 특징

① 구조가 간단하고 설치비가 저렴하다.
② 입력과 출력을 비교하는 장치가 없어 오차를 교정할 수가 없다.

2 폐루프제어계

(1) 정의

정확한 제어를 위해 제어신호를 귀환시켜 기준입력과 비교·검토하여 오차를 자동적으로 정정하게 하는 제어계로 피드백제어(feedback control), 궤환제어라 하며 **입력과 출력을 비교하는 장치가 반드시 필요하다.**

(2) 피드백제어계의 특징

① 목표값을 정확히 달성할 수 있다.
② 시스템 특성 변화에 대한 입력 대 출력의 감도가 감소한다.
③ 대역폭이 증가한다.
④ 제어계가 복잡해지고 제어기의 가격이 비싸다.
⑤ 반드시 필요한 장치는 입력과 출력을 비교하는 장치이며 출력을 검출하는 센서가 필요하다.

기·출·개·념 문제

1. 다음 중 개루프시스템의 주된 장점이 아닌 것은? 94 기사

① 원하는 출력을 얻기 위해 보정해 줄 필요가 없다.
② 구성하기 쉽다.
③ 구성 단가가 낮다.
④ 보수 및 유지가 간단하다.

(해설) 개루프시스템은 원하는 출력을 얻기 위하여 보정해 주어야 하지만, 피드백제어는 입력과 출력을 자동으로 비교하여 원하는 출력을 얻는다. 답 ①

2. 피드백제어에서 반드시 필요한 장치는 어느 것인가? 04·98·97 기사

① 구동장치
② 응답속도를 빠르게 하는 장치
③ 안정도를 좋게 하는 장치
④ 입력과 출력을 비교하는 장치

(해설) 피드백제어에서는 입력(목표값)과 출력(제어량)을 비교하여 제어동작을 일으키는 데 필요한 신호를 만드는 비교부가 반드시 필요하다. 답 ④

궤환(feedback)제어계의 구성

CHAPTER **1**

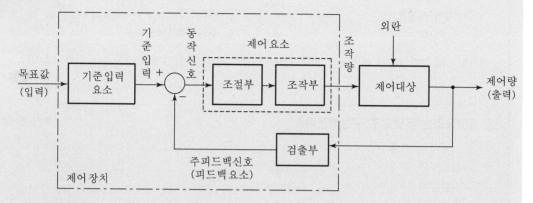

(1) 목표값
제어계에 설정되는 값으로 제어계에 가해지는 압력을 의미한다.

(2) 기준입력요소
목표값을 제어할 수 있는 기준입력신호로 변환하는 장치로 설정부라고도 한다.

(3) 동작신호
기준입력과 주피드백신호와의 차로써 제어동작을 일으키는 신호로 편차라고도 한다.

(4) 제어요소
동작신호를 조작량으로 변환하는 요소로서, 조절부와 조작부로 이루어진다.

(5) 조절부
기준입력과 검출부출력을 조합하여 제어계가 소요의 작용을 하는 데 필요한 신호를 만들어 조작부에 보내는 부분이다.

(6) 조작량
제어장치가 제어대상에 가하는 제어신호로서, 제어장치의 출력인 동시에 제어대상의 입력이 된다.

(7) 조작부
조절부로부터 받은 신호를 조작량으로 바꾸어 제어대상에 보내주는 부분이다.

(8) 외란
제어량의 값을 교란시키려 하는 외적 작용이다.

(9) 제어대상
자기는 제어활동을 갖지 않는 출력발생장치로서 제어계에서 직접 제어를 받는 장치이다.

(10) 검출부
제어량을 검출하고 기준입력신호와 비교시키는 부분이다.

(11) 제어량
제어를 받는 제어계의 출력량으로서 제어대상에 속하는 양이다.

기·출·개·념 **문제**

1. 제어계를 동작시키는 기준으로서 직접 제어계에 가해지는 신호는? `91·90 기사`

① 기준입력신호   ② 동작신호
③ 조절신호   ④ 주피드백신호

(해설) 기준입력신호는 제어계를 동작시키는 기준으로 직접 제어계에 가해지는 입력신호이다.

답 ①

2. 제어요소는 무엇으로 구성되는가? `15·12·85 기사`

① 비교부와 검출부
② 검출부와 조작부
③ 검출부와 조절부
④ 조절부와 조작부

(해설) 제어요소는 조절부와 조작부로 이루어진다.

답 ④

3. 다음 용어 설명 중 옳지 않은 것은? `99·93 기사`

① 목표값을 제어할 수 있는 신호로 변환하는 장치를 기준입력장치라 한다.
② 목표값을 제어할 수 있는 신호로 변환하는 장치를 조작부라 한다.
③ 제어량을 설정값과 비교하여 오차를 계산하는 장치를 오차검출기라 한다.
④ 제어량을 측정하는 장치를 검출단이라 한다.

(해설) 조작부는 조절부로부터 받은 신호를 조작량으로 바꾸어 제어대상에 보내주는 부분이다.

답 ②

4. 제어요소가 제어대상에 주는 양은? `11·00·98 기사`

① 기준입력   ② 동작신호
③ 제어량   ④ 조작량

(해설) 조작량은 제어장치가 제어대상에 가하는 제어신호로서 제어장치의 출력인 동시에 제어대상의 입력이 된다.

답 ④

5. 전기로의 온도를 900[℃]로 일정하게 유지시키기 위하여, 열전온도계의 지시값을 보면서 전압조정기로 전기로에 대한 인가전압을 조절하는 장치가 있다. 이 경우, 열전온도계는 어느 용어에 해당하는가? `00·98 기사`

① 검출부   ② 조작량
③ 조작부   ④ 제어량

(해설) 검출부는 제어량을 검출하고 기준입력신호와 비교시키는 부분이다. 여기서 온도는 제어량 900[℃]은 목표값, 전압조정기는 제어요소, 열전온도계는 검출부가 된다.

답 ①

기출 개념 03 자동제어계의 제어량에 의한 분류

(1) 서보기구

물체의 위치, 방위, 자세 등을 제어량으로 하는 추치제어로써 비행기 및 선박의 방향제어계, 미사일 발사대의 자동위치제어계, 추적용 레이더, 자동평형기록계 등이 이에 속한다.

(2) 프로세스제어

제어량인 온도, 유량, 압력, 액위, 농도, 밀도 등 공정제어의 제어량으로 하는 제어로 일반적으로 응답속도가 느리다. 그 예는 **온도·압력 제어장치** 등이 있다.

(3) 자동조정제어

전압, 전류, 주파수, 회전속도, 힘 등 전기적, 기계적 양을 주로 제어하는 것으로서 응답속도가 대단히 빠른 것이 특징이며 **정전압장치(AVR), 발전기의 조속기제어** 등이 이에 속한다.

기·출·개·념 **문제**

1. 자동제어의 분류에서 제어량의 종류에 의한 분류가 아닌 것은?　　　13 기사

① 서보기구　　　　　　　　　② 추치제어
③ 프로세스제어　　　　　　　④ 자동조정

(해설) • 자동제어의 제어량 성질에 의한 분류 : 프로세스제어, 서보기구, 자동조정
　　　• 자동제어의 목표값 성질에 의한 분류 : 정치제어, 추종제어, 프로그램제어　　　**답** ②

2. 피드백제어계 중 물체의 위치, 방위, 자세 등의 기계적 변위를 제어량으로 하는 것은?

13 기사

① 서보기구(servo mechanism)　　② 프로세스제어(process control)
③ 자동조정(automatic regulation)　④ 프로그램제어(program control)

(해설) 물체의 위치, 방위, 자세 등의 기계적 변위를 제어량으로 해서 목표값의 임의 변화에 추종하도록 구성된 제어계를 서보기구라 한다.　　　**답** ①

3. 프로세스제어의 제어량이 아닌 것은?　　　07·01·00·99 기사

① 물체의 자세　　　　　　　② 액위면
③ 유량　　　　　　　　　　　④ 온도

(해설) 프로세스제어는 제어량인 온도, 유량, 압력, 액위, 농도, 밀도 등이 플랜트나 생산공정 중의 상태량을 제어량으로 하는 제어이다.　　　**답** ①

기출개념 04 자동제어계의 목표값의 설정에 의한 분류

(1) 정치제어
목표값이 시간적 변화에 따라 항상 일정한 제어로 프로세스제어와 자동조정제어가 정치제어에 속한다.

(2) 추치제어
목표값이 시간적 변화에 따라 변화하는 것을 목표값에 제어량을 추종하도록 하는 제어를 추치제어라고 한다.

① 추종제어
목표값이 시간적으로 임의로 변하는 경우의 제어로서, 서보기구가 모두 여기에 속한다.
예 유도미사일, 추적용 레이더

② 프로그램제어
목표값의 변화가 미리 정해져 있어 그 정해진 대로 변화시키는 것을 목적으로 하는 제어를 말한다.
예 무인열차, 무인자판기, 엘리베이터

③ 비율제어
목표값이 다른 것과 일정한 비율을 유지하도록 제어하는 것으로 말한다.

기·출·개·념 문제

1. 자동제어의 추치제어 3종이 아닌 것은? 　　　　　　**00·95 기사**

① 프로세스제어　　　　　　　② 추종제어
③ 비율제어　　　　　　　　　④ 프로그램제어

(해설) 추치제어에는 추종제어, 프로그램제어, 비율제어가 있다. 　　**답 ①**

2. 다음 제어량에서 추종제어에 속하지 않는 것은? 　　　　**09·98 기사**

① 유량　　　　　　　　　　　② 위치
③ 방위　　　　　　　　　　　④ 자세

(해설) 추종제어는 목표값이 시간적으로 임의로 변하는 경우의 제어로 서보기구인 물체의 위치·방위·자세가 모두 여기에 속한다. 　　**답 ①**

3. 무조종사인 엘리베이터의 자동제어는? 　　　　　　　**01 기사**

① 정치제어　　　　　　　　　② 추종제어
③ 프로그램제어　　　　　　　④ 비율제어

(해설) 프로그램제어는 미리 정해진 프로그램에 따라 제어량을 변화시키는 것을 목적으로 하는 제어법이다. 　　**답 ③**

CHAPTER

(1) 연속동작에 의한 분류

연속적으로 제어동작하는 제어로 조절부 동작방식에 따라 P, I, D, PI, PD, PID 동작으로 구분한다. 동작신호를 x_i, 조작량을 x_o라 하면 제어동작은 다음과 같다.

① 비례동작(P동작)

$$x_o = K_P x_i$$

여기서, K_P : 비례이득(비례감도)

- 잔류편차(offset)가 발생한다.
- 속응성(응답속도)이 나쁘다.

② 적분동작(I동작)

$$x_o = \frac{1}{T_I} \int x_i \, dt$$

여기서, T_I : 적분시간

- 잔류편차(offset)를 없앨 수 있다.

③ 미분동작(D동작)

$$x_o = T_D \frac{dx_i}{dt}$$

여기서, T_D : 미분시간

- 오차가 커지는 것을 미연에 방지한다.

④ 비례적분동작(PI동작)

$$x_o = K_P \left(x_i + \frac{1}{T_I} \int x_i \, dt \right)$$

여기서, $\frac{1}{T_I}$: reset rate(리셋률), 분당 반복 횟수

- 정상특성을 개선하여 잔류편차(offset)를 제거한다.

⑤ 비례미분동작(PD동작)

$$x_o = K_P \left(x_i + T_D \frac{dx_i}{dt} \right)$$

- 속응성(응답속도) 개선에 사용된다.

⑥ 비례적분미분 동작(PID동작)

$$x_o = K_P \left(x_i + \frac{1}{T_I} \int x_i \, dt + T_D \frac{dx_i}{dt} \right)$$

- 잔류편차(offset)를 제거하고 속응성(응답속도)도 개선되므로 안정한 최적 제어이다.

(2) 불연속동작에 의한 분류

① ON-OFF제어(2위치제어)
② 샘플링제어

기·출·개·념 **문제**

1. PD 제어동작은 공정제어계의 무엇을 개선하기 위하여 쓰이고 있는가?　　92 기사

① 정밀성　　　　　　　　　　　② 속응성
③ 안정성　　　　　　　　　　　④ 이득

[해설] PD 제어동작은 진상요소이므로 응답 속응성의 개선에 쓰인다.　　**답** ②

2. 적분시간이 2분, 비례감도가 3인 PI조절계의 전달함수는?　　88·87 기사

① $3+2s$　　　　　　　　　　② $3+\dfrac{1}{2s}$

③ $\dfrac{2s}{6s+3}$　　　　　　　　④ $\dfrac{6s+3}{2s}$

[해설] PI동작(비례적분제어)이므로

$$G(s)=\frac{X_o(s)}{X_i(s)}=K_P\left(1+\frac{1}{T_I s}\right)=3\left(1+\frac{1}{2s}\right)=\frac{6s+3}{2s}$$　　**답** ④

3. 조작량 $y(t)=4x(t)+\dfrac{d}{dt}x(t)+2\displaystyle\int x(t)\,dt$ 로 표시되는 PID 동작에 있어서 미분시간과 적분시간은?　　97 기사

① 4, 2　　　　　　　　　　　② $\dfrac{1}{4}$, 2

③ $\dfrac{1}{2}$, 4　　　　　　　　　④ $\dfrac{1}{4}$, 4

[해설] $y(t)=4x(t)+\dfrac{d}{dt}x(t)+2\displaystyle\int x(t)\,dt$

$\qquad =4\left[x(t)+\dfrac{1}{2}\displaystyle\int x(t)\,dt+\dfrac{1}{4}\dfrac{d}{dt}x(t)\right]$

비례적분미분 동작(PID 동작)의 조작량 $y(t)=K_p\left(x(t)+\dfrac{1}{T_I}\displaystyle\int x(t)\,dt+T_D\dfrac{dx(t)}{dt}\right)$ 에서

$\qquad \therefore\ K_P=4,\ \ T_I=2,\ \ T_D=\dfrac{1}{4}$　　**답** ②

4. 정상특성과 응답 속응성을 동시에 개선시키려면 다음 어느 제어를 사용해야 하는가?　　93 기사

① P제어　　　　　　　　　　　② PI제어
③ PD제어　　　　　　　　　　④ PID제어

[해설] PID제어는 사이클링과 오프셋도 제거되고 응답속도도 빠르며 안정성도 좋다.　　**답** ④

🔍 기출 핵심 NOTE

01 폐루프시스템의 특징으로 틀린 것은? [16년 2회 기사]

① 정확성이 증가한다.
② 감쇠폭이 증가한다.
③ 발진을 일으키고 불안정한 상태로 되어갈 가능성이 있다.
④ 계의 특성 변화에 대한 입력 대 출력비의 감도가 증가한다.

해설 시스템 특성 변화, 즉 계의 특성 변화에 대한 입력 대 출력의 감도가 감소한다.

01 궤환(피드백)제어계
정확한 제어를 위해 제어신호를 귀환시켜 오차를 자동적으로 정정하게 하는 제어계

02 궤환(feedback)제어계의 특징이 아닌 것은? [18년 2회 기사]

① 정확성이 증가한다.
② 대역폭이 증가한다.
③ 구조가 간단하고 설치비가 저렴하다.
④ 계(系)의 특성 변화에 대한 입력 대 출력비의 감도가 감소한다.

해설 궤환제어계는 제어계가 복잡해지고 제어기의 가격이 비싸다.

02 궤환제어계의 특징
• 목표값을 정확히 달성
• 대역폭 증가
• 계의 특성 변화에 대한 입력 대 출력의 감도가 감소
• 제어계가 복잡해지고 제어기의 가격이 비쌈
• 입력과 출력을 비교하는 장치 및 출력을 검출하는 센서가 필요함

03 그림에서 ㉠에 알맞은 신호의 이름은? [17년 1회 기사]

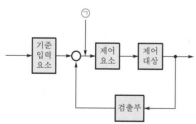

① 조작량
② 제어량
③ 기준입력
④ 동작신호

해설 일반적으로 궤환제어계는 제어장치와 제어대상으로부터 형성되는 폐회계로 구성되며 그 기본적 구성은 다음과 같다.

03 • 기준입력
  직접 제어계에 가해지는 입력신호
• 동작신호
  제어동작을 일으키는 신호
• 제어량
  제어를 받는 제어계의 출력량

정답 01. ④ 02. ③ 03. ④

04 기준입력과 주궤환량과의 차로서, 제어계의 동작을 일으키는 원인이 되는 신호는? [17년 2회 기사]

① 조작신호　　　　　　② 동작신호
③ 주궤환신호　　　　　④ 기준입력신호

해설 동작신호란 기준입력과 주피드백신호와의 차로서 제어동작을 일으키는 신호로 편차라고도 한다.

04 기준입력신호
제어계를 동작시키는 기준으로 직접 제어계에 가해지는 입력신호

05 자동제어계의 기본적 구성에서 제어요소는 무엇으로 구성되는가? [15년 1회 기사]

① 비교부와 검출부　　　② 검출부와 조작부
③ 검출부와 조절부　　　④ 조절부와 조작부

해설 제어요소는 동작신호를 조작량으로 변환하는 요소로 조절부와 조작부로 이루어진다.

05 조작부
조절부로부터 받은 신호를 조작량으로 바꾸어 제어대상에 보내는 부분

06 제어장치가 제어대상에 가하는 제어신호로 제어장치의 출력인 동시에 제어대상의 입력인 신호는? [17년 3회 기사]

① 목표값　　　　　　　② 조작량
③ 제어량　　　　　　　④ 동작신호

해설 궤환제어계

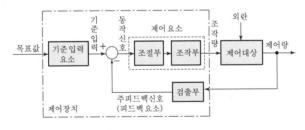

06 • 제어요소
동작신호를 조작량으로 변환하는 요소로 조절부와 조작부로 이루어짐
• 제어대상
직접 제어를 받는 장치
• 조작량
제어장치가 제어대상에 가하는 제어신호로 제어장치의 출력인 동시에 제어대상의 입력

07 제어량의 종류에 따른 분류가 아닌 것은? [18년 1회 기사]

① 자동조정
② 서보기구
③ 적응제어
④ 프로세스제어

해설 자동제어의 제어량 성질에 의한 분류
• 프로세스제어
• 서보기구
• 자동조정제어

07 제어계의 분류
㉠ 제어량에 의한 분류
• 서보기구
• 프로세스제어
• 자동조정제어
㉡ 목표값 설정에 의한 분류
• 정치제어
• 추치제어
– 추종제어
– 프로그램제어
– 비율제어

정답 04. ② 05. ④ 06. ② 07. ③

08 노내 온도를 제어하는 프로세스제어계에서 검출부에 해당하는 것은?
[18년 2회 기사]

① 노
② 밸브
③ 증폭기
④ 열전대

해설 열전대의 지시값으로 노내 온도를 조절하므로 열전대는 검출부에 해당한다.

09 일정 입력에 대해 잔류편차가 있는 제어계는 무엇인가?
[18년 3회 기사]

① 비례제어계
② 적분제어계
③ 비례적분제어계
④ 비례적분미분제어계

해설 잔류편차(offset)는 정상상태에서의 오차를 뜻하며 비례제어(P 동작)의 경우에 발생한다.

09 비례제어계의 특징
• 잔류편차(offset) 발생
• 속응성이 나쁨

10 제어오차가 검출될 때 오차가 변화하는 속도에 비례하여 조작량을 조절하는 동작으로 오차가 커지는 것을 사전에 방지하는 제어동작은?
[16년 1회 기사]

① 미분동작제어
② 비례동작제어
③ 적분동작제어
④ 온-오프(on-off)제어

해설 미분동작제어
레이트동작 또는 단순히 D동작이라 하며 단독으로 쓰이지 않고 비례 또는 비례+적분동작과 함께 쓰인다.
미분동작은 오차(편차)의 증가속도에 비례하여 제어신호를 만들어 오차가 커지는 것을 미리 방지하는 효과를 가지고 있다.

10 미분제어계의 특징
오차가 커지는 것을 미연에 방지

11 제어기에서 미분제어의 특성으로 가장 적합한 것은?
[16년 2회 기사]

① 대역폭이 감소한다.
② 제동을 감소시킨다.
③ 작동오차의 변화율에 반응하여 동작한다.
④ 정상상태의 오차를 줄이는 효과를 갖는다.

해설 미분동작은 자동제어에서 조작부를 편차의 시간 미분값, 즉 편차가 변화하는 빈도에 비례하여 움직이는 작용을 말하며 D동작이라고도 한다.

정답 08. ④ 09. ① 10. ① 11. ③

12 제어기에서 적분제어의 영향으로 가장 적합한 것은?

[17년 3회 기사]

① 대역폭이 증가한다.
② 응답 속응성을 개선시킨다.
③ 작동오차의 변화율에 반응하여 동작한다.
④ 정상상태의 오차를 줄이는 효과를 갖는다.

해설 적분동작은 잔류편차(offset)를 없앨 수 있으나 비례동작보다 안정도가 나쁘므로 단독으로 쓰이는 경우는 없다.

13 PD조절기와 전달함수 $G(s) = 1.2 + 0.02s$의 영점은?

[19년 1회 기사]

① -60 ② -50
③ 50 ④ 60

해설 영점은 전달함수가 0이 되는 s의 근이다.

$$\therefore s = -\frac{1.2}{0.02} = -60$$

14 다음 중 온도를 전압으로 변환시키는 요소는? [15년 3회 기사]

① 차동변압기   ② 열전대
③ 측온저항   ④ 광전지

해설 • 열전대 : 온도를 전압으로 변환시키는 요소
• 측온저항 : 온도를 임피던스로 변환시키는 요소
• 광전지 : 광을 전압으로 변환시키는 요소

📖 **기출 핵심 NOTE**

12 적분동작(I동작)
잔류편차(offset) 제거

13 비례미분동작(PD동작)
속응성 개선
• 영점
전달함수 $G(s) = 0$ 되는 s의 근
• 극점
전달함수 $G(s) = \infty$ 되는 s의 근

정답 12. ④ 13. ① 14. ②

CHAPTER

02

라플라스 변환

출제비율

기 사

(회로이론
출제비율 포함)

9.0 %

기출개념 01 기초 함수의 라플라스 변환

(1) 정의

어떤 시간 함수 $f(t)$를 복소 함수 $F(s)$로 바꾸는 것

$$F(s) = \mathcal{L}[f(t)] = \int_0^\infty f(t)e^{-st}\,dt$$

(2) 기초 함수의 라플라스 변환

① 단위 계단 함수 : $f(t) = u(t) = 1$

$\boldsymbol{F}(s) = \mathcal{L}[f(t)]$

$$= \int_0^\infty 1\,e^{-st}\,dt = \left[-\frac{1}{s}e^{-st}\right]_0^\infty = \boxed{\dfrac{1}{s}}$$

② 지수 감쇠 함수 : $f(t) = e^{-at}$

$\boldsymbol{F}(s) = \mathcal{L}[f(t)]$

$$= \int_0^\infty e^{-(s+a)t}\,dt = \left[-\frac{1}{s+a}e^{-(s+a)t}\right]_0^\infty$$

$$= \boxed{\dfrac{1}{s+a}}$$

③ 단위 램프 함수 : $f(t) = tu(t)$

$$\boldsymbol{F}(s) = \int_0^\infty te^{-st}\,dt$$

$$= \left[t\frac{e^{-st}}{-s}\right]_0^\infty - \int_0^\infty \frac{e^{-st}}{-s}\,dt = \boxed{\dfrac{1}{s^2}}$$

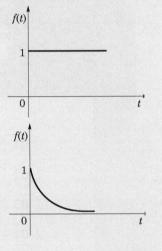

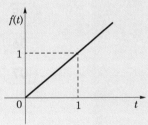

기·출·개·념 문제

$e^{j\omega t}$의 라플라스 변환은?　　　　　　　　　　　　　　19·10 기사

① $\dfrac{1}{s - j\omega}$ 　　　　　　　　② $\dfrac{1}{s + j\omega}$

③ $\dfrac{1}{s^2 + \omega^2}$ 　　　　　　　　④ $\dfrac{\omega}{s^2 + \omega^2}$

(해설) $\boldsymbol{F}(s) = \mathcal{L}[e^{j\omega t}] = \dfrac{1}{s - j\omega}$　　　　　　　답 ①

기본 함수의 라플라스 변환표

구 분	함수명	$f(t)$	$F(s)$
1	단위 임펄스 함수	$\delta(t)$	1
2	단위 계단 함수	$u(t)=1$	$\dfrac{1}{s}$
3	지수 감쇠 함수	e^{-at}	$\dfrac{1}{s+a}$
4	단위 램프 함수	t	$\dfrac{1}{s^2}$
5	포물선 함수	t^2	$\dfrac{2}{s^3}$
6	n차 램프 함수	t^n	$\dfrac{n!}{s^{n+1}}$
7	정현파 함수	$\sin\omega t$	$\dfrac{\omega}{s^2+\omega^2}$
8	여현파 함수	$\cos\omega t$	$\dfrac{s}{s^2+\omega^2}$
9	쌍곡 정현파 함수	$\sinh at$	$\dfrac{a}{s^2-a^2}$
10	쌍곡 여현파 함수	$\cosh at$	$\dfrac{s}{s^2-a^2}$

기·출·개·념 **문제**

1. $10t^3$의 라플라스 변환은?

① $\dfrac{60}{s^4}$　　　　② $\dfrac{30}{s^4}$　　　　③ $\dfrac{10}{s^4}$　　　　④ $\dfrac{80}{s^4}$

해설 $\mathcal{L}\left[10t^3\right]=10\dfrac{3!}{s^{3+1}}=10\dfrac{3\times2\times1}{s^4}=\dfrac{60}{s^4}$　　　　**답** ①

2. $f(t)=\sin t\,\cos t$를 라플라스로 변환하면? 　　　14 기사

① $\dfrac{1}{s^2+4}$　　　② $\dfrac{1}{s^2+2}$　　　③ $\dfrac{1}{(s+2)^2}$　　　④ $\dfrac{1}{(s+4)^2}$

해설 삼각함수 가법 정리에 의해서 $\sin(t+t)=2\sin t\cos t$

$\therefore\ \sin t\cos t=\dfrac{1}{2}\sin 2t$

$\therefore\ \boldsymbol{F}(s)=\mathcal{L}\left[\sin t\cos t\right]=\mathcal{L}\left[\dfrac{1}{2}\sin 2t\right]=\dfrac{1}{2}\times\dfrac{2}{s^2+2^2}=\dfrac{1}{s^2+4}$　　**답** ①

기출개념 03 라플라스 변환 기본 정리

(1) 선형 정리

두 개 이상의 시간 함수의 합 또는 차의 라플라스 변환

$$\mathcal{L}\left[af_1(t) \pm bf_2(t)\right] = a\boldsymbol{F}_1(s) \pm b\boldsymbol{F}_2(s)$$

기·출·개·념 문제

1. $f(t) = \delta(t) - be^{-bt}$의 라플라스 변환은? (단, $\delta(t)$는 임펄스 함수이다.)

① $\dfrac{b}{s+b}$

② $\dfrac{s(1-b)+5}{s(s+b)}$

③ $\dfrac{1}{s(s+b)}$

④ $\dfrac{s}{s+b}$

[해설] $\boldsymbol{F}(s) = \mathcal{L}\left[\delta(t)\right] - \mathcal{L}\left[be^{-bt}\right] = 1 - \dfrac{b}{s+b} = \dfrac{s}{s+b}$ **[답]** ④

2. $f(t) = \sin t + 2\cos t$를 라플라스로 변환하면? `10·91·90 기사`

① $\dfrac{2s}{s^2+1}$

② $\dfrac{2s+1}{(s+1)^2}$

③ $\dfrac{2s+1}{s^2+1}$

④ $\dfrac{2s}{(s+1)^2}$

[해설] $\boldsymbol{F}(s) = \dfrac{1}{s^2+1} + \dfrac{2s}{s^2+1} = \dfrac{2s+1}{s^2+1}$ **[답]** ③

(2) 복소추이 정리

시간 함수 $f(t)$에 지수 함수 $e^{\pm at}$가 곱해진 경우의 라플라스 변환

$$\mathcal{L}\left[e^{\pm at}f(t)\right] = \boldsymbol{F}(s \mp a)$$

기·출·개·념 문제

$e^{-at}\cos\omega t$의 라플라스 변환은? `04·01·83 기사`

① $\dfrac{s+a}{(s+a)^2+\omega^2}$

② $\dfrac{\omega}{(s+a)^2+\omega^2}$

③ $\dfrac{\omega}{(s^2+a^2)^2}$

④ $\dfrac{s+a}{(s^2+a^2)^2}$

[해설] 복소추이 정리를 이용하면

$$\mathcal{L}\left[e^{-at}\cos\omega t\right] = \mathcal{L}\left[\cos\omega t\right]\Big|_{s=s+a} = \dfrac{s}{s^2+\omega^2}\Big|_{s=s+a} = \dfrac{s+a}{(s+a)^2+\omega^2}$$

[답] ①

(3) 복소 미분 정리

시간 함수 $f(t)$에 램프 함수 t가 곱해진 경우의 라플라스 변환

$$\mathcal{L}\left[tf(t)\right]=-\frac{d}{ds}\boldsymbol{F}(s)$$

기·출·개·념 문제

$t\sin\omega t$의 라플라스 변환은?

① $\dfrac{\omega}{(s^2+\omega^2)^2}$ 　　　　② $\dfrac{\omega s}{(s^2+\omega^2)^2}$

③ $\dfrac{\omega^2}{(s^2+\omega^2)^2}$ 　　　　④ $\dfrac{2\omega s}{(s^2+\omega^2)^2}$

[해설] 복소 미분 정리를 이용하면

$$\boldsymbol{F}(s)=(-1)\frac{d}{ds}\{\mathcal{L}\left(\sin\omega t\right)\}=(-1)\frac{d}{ds}\frac{\omega}{s^2+\omega^2}=\frac{2\omega s}{(s^2+\omega^2)^2}$$

답 ④

---

(4) 시간추이 정리

시간 함수 $f(t)$가 $t=a$만큼 평형 이동한 경우의 라플라스 변환

$$\mathcal{L}\left[f(t-a)\right]=e^{-as}\boldsymbol{F}(s)$$

기·출·개·념 문제

1. 그림과 같은 구형파의 라플라스 변환은?

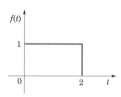

① $\dfrac{1}{s}(1-e^{-s})$ 　　　　② $\dfrac{1}{s}(1+e^{-s})$

③ $\dfrac{1}{s}(1-e^{-2s})$ 　　　　④ $\dfrac{1}{s}(1+e^{-2s})$

[해설] $f(t)=u(t)-u(t-2)$

시간추이 정리를 적용하면 $\boldsymbol{F}(s)=\dfrac{1}{s}-e^{-2s}\cdot\dfrac{1}{s}=\dfrac{1}{s}(1-e^{-2s})$

답 ③

기·출·개·념 **문제**

2. 그림과 같은 게이트 함수의 라플라스 변환을 구하면?

00 · 97 · 88 기사

① $\dfrac{E}{Ts^2}[1-(Ts+1)e^{-Ts}]$

② $\dfrac{E}{Ts^2}[1+(Ts+1)e^{-Ts}]$

③ $\dfrac{E}{Ts^2}(Ts+1)e^{-Ts}$

④ $\dfrac{E}{Ts^2}(Ts-1)e^{-Ts}$

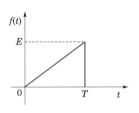

해설 $f(t)=\dfrac{E}{T}tu(t)-Eu(t-T)-\dfrac{E}{T}(t-T)u(t-T)$이므로

시간추이 정리를 이용하면

$\therefore \boldsymbol{F}(s)=\dfrac{E}{Ts^2}-\dfrac{Ee^{-Ts}}{s}-\dfrac{Ee^{-Ts}}{Ts^2}$

$=\dfrac{E}{Ts^2}[1-(Ts+1)e^{-Ts}]$

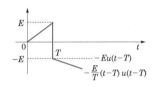

답 ①

---

(5) 실미분 정리

시간 함수 $f(t)$가 미분되어 있는 경우의 라플라스 변환

- $\mathcal{L}\left[\dfrac{d}{dt}f(t)\right]=s\boldsymbol{F}(s)-f(0)$

- $\mathcal{L}\left[\dfrac{d^2}{dt^2}f(t)\right]=s^2\boldsymbol{F}(s)-sf(0)-f'(0)$

- $\mathcal{L}\left[\dfrac{d^3}{dt^3}f(t)\right]=s^3\boldsymbol{F}(s)-s^2f(0)-sf'(0)-f''(0)$

기·출·개·념 **문제**

$5\dfrac{d^2q}{dt^2}+\dfrac{dq}{dt}=10\sin t$에서 모든 초기 조건을 0으로 한 라플라스 변환은?

① $\dfrac{10}{(5s+1)(s^2+1)}$

② $\dfrac{10}{(5s^2+s)(s^2+1)}$

③ $\dfrac{10}{2(s^2+1)}$

④ $\dfrac{10}{(s^2+5)(s^2+1)}$

해설 라플라스 변환하면 모든 초기 조건이 0이므로

$(5s^2+s)\boldsymbol{Q}(s)=\dfrac{10}{s^2+1}$ $\therefore \boldsymbol{Q}(s)=\dfrac{10}{(5s^2+s)(s^2+1)}$

답 ②

(6) 실적분 정리

시간 함수 $f(t)$가 적분되어 있는 경우의 라플라스 변환

- $\mathcal{L}\left[\int f(t)\,dt\right] = \dfrac{1}{s}\,F(s) + \dfrac{1}{s}\,f^{(-1)}(0)$

- $\mathcal{L}\left[\iint f(t)\,dt^2\right] = \dfrac{1}{s^2}\,F(s) + \dfrac{1}{s^2}\,f^{(-1)}(0) + \dfrac{1}{s}\,f^{(-2)}(0)$

기·출·개·념 문제

$v_i(t) = Ri(t) + L\dfrac{di(t)}{dt} + \dfrac{1}{C}\displaystyle\int i(t)\,dt$ 에서 모든 초기 조건을 0으로 하고 라플라스 변환하면

어떻게 되는가?

① $\dfrac{Cs}{LCs^2 + RCs + 1}\,V_i(s)$

② $\dfrac{1}{LCs^2 + RCs + 1}\,V_i(s)$

③ $\dfrac{LCs}{LCs^2 + RCs + 1}\,V_i(s)$

④ $\dfrac{C}{LCs^2 + RCs + 1}\,V_i(s)$

해설 $V_i(s) = \left(R + sL + \dfrac{1}{sC}\right) I(s)$

$\therefore\ I(s) = \dfrac{1}{sL + R + \dfrac{1}{sC}}\,V_i(s) = \dfrac{Cs}{LCs^2 + RCs + 1}\,V_i(s)$

답 ①

(7) 초기값 정리

$$f(0) = \lim_{t \to 0} f(t) = \lim_{s \to \infty} s\,F(s)$$

기·출·개·념 문제

$I(s) = \dfrac{2s + 5}{s^2 + 3s + 2}$ 일 때 $i(t)|_{t=0} = i(0)$은 얼마인가?

99 기사

① 2

② 3

③ 5

④ $\dfrac{5}{2}$

해설 초기값 정리에 의해 $i(0) = \lim\limits_{s \to \infty} s\,I(s) = \lim\limits_{s \to \infty} s \cdot \dfrac{2s + 5}{s^2 + 3s + 2} = 2$

답 ①

(8) 최종값 정리(정상값 정리)

$$f(\infty) = \lim_{t \to \infty} f(t) = \lim_{s \to 0} sF(s)$$

기·출·개·념 문제

어떤 제어계의 출력이 $C(s) = \dfrac{5}{s(s^2 + s + 2)}$ 로 주어질 때 출력의 시간 함수 $C(t)$의 정상값은?

02 기사

① 5

② 2

③ $\dfrac{2}{5}$

④ $\dfrac{5}{2}$

(해설) 최종값 정리에 의해 $\lim_{s \to 0} s\,C(s) = \lim_{s \to 0} s \cdot \dfrac{5}{s(s^2 + s + 2)} = \dfrac{5}{2}$

답 ④

(9) 주기 함수의 라플라스 변환

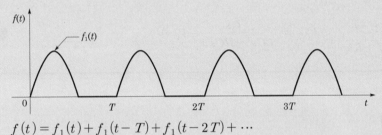

$$f(t) = f_1(t) + f_1(t - T) + f_1(t - 2T) + \cdots$$

$$F(s) = F_1(s)(1 + e^{-Ts} + e^{-2Ts} + \cdots) = F_1(s)\frac{1}{1 - e^{-Ts}}$$

기·출·개·념 문제

그림과 같은 계단 함수의 라플라스 변환은?

97 산업

① $E(1 + e^{-Ts})$

② $\dfrac{E}{(1 - e^{-Ts})}$

③ $\dfrac{E}{s(1 - e^{-Ts})}$

④ $\dfrac{E}{s(1 - e^{-Ts/2})}$

(해설) 첫 주기 $f_1(t) = Eu(t)$ 함수이므로 $F_1(s) = \dfrac{E}{s}$

$\therefore F(s) = \dfrac{1}{1 - e^{-Ts}} F_1(s) = \dfrac{E}{s(1 - e^{-Ts})}$

답 ③

기출개념 04 복소추이 적용 함수의 라플라스 변환표

구 분	함수명	$f(t)$	$F(s)$
1	지수 감쇠 램프 함수	te^{-at}	$\dfrac{1}{(s+a)^2}$
2	지수 감쇠 포물선 함수	t^2e^{-at}	$\dfrac{2}{(s+a)^3}$
3	지수 감쇠 n차 램프 함수	t^ne^{-at}	$\dfrac{n!}{(s+a)^{n+1}}$
4	지수 감쇠 정현파 함수	$e^{-at}\sin\omega t$	$\dfrac{\omega}{(s+a)^2+\omega^2}$
5	지수 감쇠 여현파 함수	$e^{-at}\cos\omega t$	$\dfrac{s+a}{(s+a)^2+\omega^2}$
6	지수 감쇠 쌍곡 정현파 함수	$e^{-at}\sin h\,\omega t$	$\dfrac{\omega}{(s+a)^2-\omega^2}$
7	지수 감쇠 쌍곡 여현파 함수	$e^{-at}\cos h\,\omega t$	$\dfrac{s+a}{(s+a)^2-\omega^2}$

기·출·개·념 문제

1. t^2e^{at}의 라플라스 변환은?

① $\dfrac{1}{(s-a)^2}$ 　　　　② $\dfrac{2}{(s-a)^2}$

③ $\dfrac{1}{(s-a)^3}$ 　　　　④ $\dfrac{2}{(s-a)^3}$

(해설) $\mathcal{L}\,[t^ne^{-at}]=\dfrac{n!}{(s+a)^{n+1}}$

　　　$\therefore\ \mathcal{L}\,[t^2e^{at}]=\dfrac{2}{(s-a)^3}$ 　　　**답** ④

2. $e^{-2t}\cos3t$의 라플라스 변환은?

① $\dfrac{s+2}{(s+2)^2+3^2}$ 　　　　② $\dfrac{s-2}{(s-2)^2+3^2}$

③ $\dfrac{s}{(s+2)^2+3^2}$ 　　　　④ $\dfrac{s}{(s-2)^2+3^2}$

(해설) $\mathcal{L}\,[e^{-2t}\cos3t]=\mathcal{L}\,[\cos3t]_{s=s+2}=\left.\dfrac{s}{s^2+3^2}\right|_{s=s+2}=\dfrac{s+2}{(s+2)^2+3^2}$ 　　　**답** ①

기출개념 05 기본 함수의 역라플라스 변환표

구 분	$F(s)$	$f(t)$	구 분	$F(s)$	$f(t)$
1	1	$\delta(t)$	7	$\dfrac{1}{(s+a)^2}$	te^{-at}
2	$\dfrac{1}{s}$	$u(t)=1$	8	$\dfrac{n!}{(s+a)^{n+1}}$	$t^n e^{-at}$
3	$\dfrac{1}{s^2}$	t	9	$\dfrac{\omega}{s^2+\omega^2}$	$\sin\omega t$
4	$\dfrac{2}{s^3}$	t^2	10	$\dfrac{s}{s^2+\omega^2}$	$\cos\omega t$
5	$\dfrac{n!}{s^{n+1}}$	t^n	11	$\dfrac{\omega}{(s+a)^2+\omega^2}$	$e^{-at}\sin\omega t$
6	$\dfrac{1}{s+a}$	e^{-at}	12	$\dfrac{s+a}{(s+a)^2+\omega^2}$	$e^{-at}\cos\omega t$

기·출·개·념 문제

1. $\dfrac{1}{s+3}$ 의 역라플라스 변환은?

① e^{3t}　　　　② e^{-3t}　　　　③ $e^{\frac{1}{3}}$　　　　④ $e^{-\frac{1}{3}}$

(해설) $\mathcal{L}\left[e^{-at}\right]=\dfrac{1}{s+a}$ 이므로

$\therefore \ \mathcal{L}^{-1}\left[\dfrac{1}{(s+3)}\right]=e^{-3t}$　　　　**답** ②

2. 다음 함수의 역라플라스 변환을 구하면?

$$F(s)=\frac{3s+8}{s^2+9}$$

① $3\cos 3t-\dfrac{8}{3}\sin 3t$　　　　② $3\sin 3t+\dfrac{8}{3}\cos 3t$

③ $3\cos 3t+\dfrac{8}{3}\sin t$　　　　④ $3\cos 3t+\dfrac{8}{3}\sin 3t$

(해설) $F(s)=\dfrac{3s+8}{s^2+9}=\dfrac{3s}{s^2+3^2}+\dfrac{8}{s^2+3^2}=3\left(\dfrac{s}{s^2+3^2}\right)+\dfrac{8}{3}\left(\dfrac{3}{s^2+3^2}\right)$

$\therefore \ f(t)=\mathcal{L}^{-1}[F(s)]=3\cos 3t+\dfrac{8}{3}\sin 3t$　　　　**답** ④

기출개념 06 완전제곱 꼴을 이용한 역라플라스 변환

(1) 완전제곱식

① $s^2 + 2s + 1 = (s+1)^2$

② $s^2 + 4s + 4 = (s+2)^2$

③ $s^2 + 6s + 9 = (s+3)^2$

④ $s^2 + 8s + 16 = (s+4)^2$

(2) $F(s) = \dfrac{\omega}{(s+a)^2 + \omega^2}$ 의 역라플라스 변환

$$f(t) = \mathcal{L}^{-1}F(s) = \mathcal{L}^{-1}\left[\frac{\omega}{(s+a)^2 + \omega^2}\right] = e^{-at}\sin\omega t$$

(3) $F(s) = \dfrac{s+a}{(s+a)^2 + \omega^2}$ 의 역라플라스 변환

$$f(t) = \mathcal{L}^{-1}F(s) = \mathcal{L}^{-1}\left[\frac{s+a}{(s+a)^2 + \omega^2}\right] = e^{-at}\cos\omega t$$

기·출·개·념 문제

1. $E(t) = \mathcal{L}^{-1}\left[\dfrac{1}{s^2 + 6s + 10}\right]$ 의 값은 얼마인가?

① $e^{-3t}\sin t$ 　　　　　② $e^{-3t}\cos t$

③ $e^{-t}\sin 5t$ 　　　　　④ $e^{-t}\sin 5\omega t$

(해설) $F(s) = \dfrac{1}{s^2 + 6s + 10} = \dfrac{1}{(s+3)^2 + 1}$

$\therefore \ f(t) = e^{-3t}\sin t$

답 ①

2. $\mathcal{L}^{-1}\left[\dfrac{1}{s^2 + 2s + 5}\right]$ 의 값은?　　　　　　11·89 기사

① $e^{-t}\sin 2t$ 　　　　　② $\dfrac{1}{2}e^{-t}\sin t$

③ $\dfrac{1}{2}e^{-t}\sin 2t$ 　　　　　④ $e^{-t}\sin t$

(해설) $\mathcal{L}^{-1}\left[\dfrac{1}{s^2 + 2s + 5}\right] = \mathcal{L}^{-1}\left[\dfrac{1}{(s+1)^2 + 2^2}\right]$

$\qquad\qquad = \dfrac{1}{2}e^{-t}\sin 2t$

답 ③

기출개념 07 부분 분수에 의한 역라플라스 변환

(1) 실수 단근인 경우

$$F(s) = \frac{Z(s)}{(s-p_1)(s-p_2)} = \frac{K_1}{(s-p_1)} + \frac{K_2}{(s-p_2)}$$

• 유수 정리

$$K_1 = (s-p_1)F(s)\big|_{s=p_1} = \frac{Z(s)}{(s-p_2)}\bigg|_{s=p_1}$$

$$K_2 = (s-p_2)F(s)\big|_{s=p_2} = \frac{Z(s)}{(s-p_1)}\bigg|_{s=p_2}$$

(2) 중복근이 있는 경우

$$F(s) = \frac{1}{(s+1)^2(s+2)} = \frac{K_{11}}{(s+1)^2} + \frac{K_{12}}{(s+1)} + \frac{K_2}{(s+2)}$$

• 유수 정리

$$K_{11} = \frac{1}{s+2}\bigg|_{s=-1} = 1$$

$$K_{12} = \frac{d}{ds}\frac{1}{s+2}\bigg|_{s=-1} = \frac{-1}{(s+2)^2}\bigg|_{s=-1} = -1$$

$$K_2 = \frac{1}{(s+1)^2}\bigg|_{s=-2} = 1$$

$$F(s) = \frac{1}{(s+1)^2} - \frac{1}{s+1} + \frac{1}{s+2}$$

$$f(t) = te^{-t} - e^{-t} + e^{-2t}$$

기·출·개·념 문제

$F(s) = \dfrac{1}{s(s+1)}$ 의 역라플라스 변환은?

① $1 + e^{-t}$ 　　② $1 - e^{-t}$ 　　③ $\dfrac{1}{1-e^{-t}}$ 　　④ $\dfrac{1}{1+e^{-t}}$

[해설] $F(s) = \dfrac{1}{s(s+1)} = \dfrac{K_1}{s} + \dfrac{K_2}{s+1}$

$K_1 = sF(s)\big|_{s=0} = \dfrac{1}{s+1}\bigg|_{s=0} = 1$

$K_2 = (s+1)F(s)\big|_{s=-1} = \dfrac{1}{s}\bigg|_{s=-1} = -1$

$\therefore F(s) = \dfrac{1}{s} - \dfrac{1}{s+1}$

$\therefore f(t) = 1 - e^{-t}$

답 ②

이런 문제가 시험에 나온다!
단원 최근 빈출문제

기출 핵심 NOTE

01 함수 $f(t)$의 라플라스 변환은 어떤 식으로 정의되는가?

[18년 1회 기사]

① $\int_0^\infty f(t)e^{st}dt$

② $\int_0^\infty f(t)e^{-st}dt$

③ $\int_0^\infty f(-t)e^{st}dt$

④ $\int_{-\infty}^\infty f(-t)e^{-st}dt$

해설 어떤 시간 함수 $f(t)$가 있을 때 이 함수에 $e^{-st}dt$를 곱하고 그것을 다시 0에서부터 ∞까지 시간에 대하여 적분한 것을 함수 $f(t)$의 라플라스 변환식이라고 말하며 $F(s) = \mathcal{L}[f(t)]$로 표시한다.

정의식 $\mathcal{L}[f(t)] = F(s) = \int_0^\infty f(t)e^{-st}dt$

01 라플라스 변환 정의식

$$F(s) = \int_0^\infty f(t)e^{-st}dt$$

02 그림과 같은 직류 전압의 라플라스 변환을 구하면?

[16년 3회 기사]

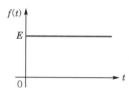

① $\frac{E}{s-1}$

② $\frac{E}{s+1}$

③ $\frac{E}{s}$

④ $\frac{E}{s^2}$

해설 $f(t) = Eu(t)$

즉, 계단 함수의 라플라스 변환 $\mathcal{L}[Eu(t)] = \frac{E}{s}$

02 계단 함수

• $\mathcal{L}[u(t)] = \frac{1}{s}$

• $\mathcal{L}[E] = \frac{E}{s}$

03 $f(t) = \delta(t-T)$의 라플라스 변환 $F(s)$는? [19년 3회 기사]

① e^{Ts}

② e^{-Ts}

③ $\frac{1}{s}e^{Ts}$

④ $\frac{1}{s}e^{-Ts}$

해설 시간추이 정리 $\mathcal{L}[f(t-a)] = e^{-as} \cdot F(s)$

∴ $\mathcal{L}[\delta(t-T)] = e^{-Ts}1 = e^{-Ts}$

03 시간추이 정리

$$\mathcal{L}[f(t-a)] = e^{-as} \cdot F(s)$$

정답 01. ② 02. ③ 03. ②

04 그림과 같은 단위 계단 함수는?　　　　[15년 1회 기사]

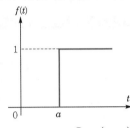

① $u(t)$

② $u(t-a)$

③ $u(a-t)$

④ $-u(t-a)$

[해설] $f(t) = u(t-a)$

단위 계단 함수 $u(t)$가 $t=a$만큼 평행 이동된 함수, 즉 a만큼 지연된 파형이므로 $u(t-a)$로 나타낸다.

04 단위 계단 함수

$f(t) = u(t)$

$t > 0$ 부분에서 항상 1을 유지하는 함수

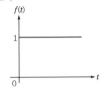

05 다음 파형의 라플라스 변환은?　　　　[15년 2회 기사]

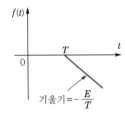

기울기 $= -\dfrac{E}{T}$

① $-\dfrac{E}{Ts^2}e^{-Ts}$

② $\dfrac{E}{Ts^2}e^{-Ts}$

③ $-\dfrac{E}{Ts^2}e^{Ts}$

④ $\dfrac{E}{Ts^2}e^{Ts}$

[해설] $f(t) = -\dfrac{E}{T}(t-T)u(t-T)$

시간추이 정리를 적용하면 $F(s) = -\dfrac{E}{Ts^2}e^{-Ts}$

05 시간추이 정리

- $\mathcal{L}[f(t-a)] = e^{-as}F(s)$
- $\mathcal{L}[(t-T)] = e^{-Ts} \cdot \dfrac{1}{s^2}$

06 그림과 같은 구형파의 라플라스 변환은?　　　　[17년 1회 기사]

① $\dfrac{2}{s}(1-e^{4s})$

② $\dfrac{2}{s}(1-e^{-4s})$

③ $\dfrac{4}{s}(1-e^{4s})$

④ $\dfrac{4}{s}(1-e^{-4s})$

[해설] $f(t) = 2u(t) - 2u(t-4)$

시간추이 정리를 적용하면 $F(s) = \dfrac{2}{s} - \dfrac{2}{s}e^{-4s} = \dfrac{2}{s}(1-e^{-4s})$

06 시간추이 정리

- $\mathcal{L}[u(t-4)] = e^{-4s} \cdot \dfrac{1}{s}$
- $\mathcal{L}[2u(t-4)] = e^{-4s} \cdot \dfrac{2}{s}$

[정답] 04. ② 05. ① 06. ②

07 그림과 같이 높이가 1인 펄스의 라플라스 변환은?

[16년 2회 기사]

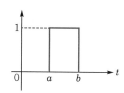

① $\dfrac{1}{s}(e^{-as}+e^{-bs})$

② $\dfrac{1}{a-b}\left(\dfrac{e^{-as}+e^{-bs}}{1}\right)$

③ $\dfrac{1}{s}(e^{-as}-e^{-bs})$

④ $\dfrac{1}{a-b}\left(\dfrac{e^{-as}-e^{-bs}}{s}\right)$

해설 $f(t)=u(t-a)-u(t-b)$
시간추이 정리를 적용하면
$$\boldsymbol{F}(s)=\frac{e^{-as}}{s}-\frac{e^{-bs}}{s}=\frac{1}{s}(e^{-as}-e^{-bs})$$

08 그림과 같은 파형의 Laplace 변환은?

[18년 3회 기사]

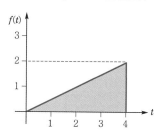

① $\dfrac{1}{2s^2}(1-e^{-4s}-se^{-4s})$

② $\dfrac{1}{2s^2}(1-e^{-4s}-4e^{-4s})$

③ $\dfrac{1}{2s^2}(1-se^{-4s}-4e^{-4s})$

④ $\dfrac{1}{2s^2}(1-e^{-4s}-4se^{-4s})$

해설 $f(t)=\dfrac{2}{4}tu(t)-2u(t-4)-\dfrac{2}{4}(t-4)u(t-4)$
시간추이 정리를 이용하면
$$\boldsymbol{F}(s)=\frac{1}{2}\frac{1}{s^2}-2\frac{e^{-4s}}{s}-\frac{1}{2}\frac{e^{-4s}}{s^2}=\frac{1}{2s^2}(1-e^{-4s}-4se^{-4s})$$

07 시간추이 정리

• $\mathcal{L}[u(t-a)]=e^{-as}\cdot\dfrac{1}{s}$

• $\mathcal{L}[u(t-b)]=e^{-bs}\cdot\dfrac{1}{s}$

08 라플라스 변환

• $\mathcal{L}[tu(t)]=\dfrac{1}{s^2}$

• $\mathcal{L}[2u(t-4)]=2e^{-4s}\cdot\dfrac{1}{s^2}$

정답 07. ③ 08. ④

09 콘덴서 C[F]에 단위 임펄스의 전류원을 접속하여 동작시키면 콘덴서의 전압 $V_C(t)$는? (단, $u(t)$는 단위 계단 함수이다.)

[17년 1회 기사]

① $V_C(t) = C$ ② $V_C(t) = Cu(t)$

③ $V_C(t) = \dfrac{1}{C}$ ④ $V_C(t) = \dfrac{1}{C}u(t)$

> **해설** 콘덴서의 전압 $V_C(t) = \dfrac{1}{C}\displaystyle\int i(t)\,dt$
>
> 라플라스 변환하면 $V_C(s) = \dfrac{1}{Cs}I(s)$
>
> 단위 임펄스 전류원 $i(t) = \delta(t)$
>
> $\therefore I(s) = 1$
>
> $\qquad V_C(s) = \dfrac{1}{Cs}$
>
> 역라플라스 변환하면 $V_C(t) = \dfrac{1}{C}u(t)$ 가 된다.

10 $f(t)$와 $\dfrac{df}{dt}$는 라플라스 변환이 가능하며 $\mathcal{L}[f(t)]$를 $F(s)$라고 할 때 최종값 정리는?

[14년 3회 기사]

① $\lim\limits_{s \to 0} F(s)$ ② $\lim\limits_{s \to \infty} sF(s)$

③ $\lim\limits_{s \to \infty} F(s)$ ④ $\lim\limits_{s \to 0} sF(s)$

> **해설** $f_{(\infty)} = \lim\limits_{t \to \infty} f(t) = \lim\limits_{s \to 0} s \cdot F(s)$

11 $F(s) = \dfrac{2s+15}{s^3 + s^2 + 3s}$ 일 때 $f(t)$의 최종값은?

[19·15년 1회 기사]

① 2   ② 3

③ 5   ④ 15

> **해설** 최종값 정리에 의해 $\lim\limits_{s \to 0} s \cdot F(s) = \lim\limits_{s \to 0} s \cdot \dfrac{2s+15}{s(s^2+s+3)} = 5$

12 $F(s) = \dfrac{1}{s(s+a)}$ 의 라플라스 역변환은?   [18년 2회 기사]

① e^{-at} ② $1 - e^{-at}$

③ $a(1 - e^{-at})$ ④ $\dfrac{1}{a}(1 - e^{-at})$

기출 핵심 NOTE

09 • 실적분 정리

$$\mathcal{L}\left[\int f(t)dt\right] = \frac{1}{s}F(s) + \frac{1}{s}f_{(0)}^{(-1)}$$

• 실적분 정리 초기값이 0인 경우

$$\mathcal{L}\left[\int f(t)dt\right] = \frac{1}{s}F(s)$$

$$\mathcal{L}\left[\iint f(t)dt^2\right] = \frac{1}{s^2}F(s)$$

10 최종값 정리

$$\lim_{t \to \infty} f(t) = \lim_{s \to 0} s \cdot F(s)$$

11 • 초기치 정리

$$\lim_{t \to 0} f(t) = \lim_{s \to \infty} sF(s)$$

• 최종치 정리

$$\lim_{t \to \infty} f(t) = \lim_{s \to 0} s \cdot F(s)$$

○ **정답** 09. ④   10. ④   11. ③   12. ④

기출 핵심 NOTE

해설 $F(s) = \dfrac{1}{s(s+a)} = \dfrac{1}{as} - \dfrac{1}{a(s+a)}$

$\therefore f(t) = \dfrac{1}{a}(1 - e^{-at})$

13 $F(s) = \dfrac{s+1}{s^2+2s}$ 의 역라플라스 변환은?

[17년 2회 기사]

① $\dfrac{1}{2}(1 - e^{-t})$

② $\dfrac{1}{2}(1 - e^{-2t})$

③ $\dfrac{1}{2}(1 + e^t)$

④ $\dfrac{1}{2}(1 + e^{-2t})$

해설 $F(s) = \dfrac{s+1}{s^2+2s} = \dfrac{s+1}{s(s+2)} = \dfrac{K_1}{s} + \dfrac{K_2}{s+2}$

$K_1 = \dfrac{s+1}{s+2}\bigg|_{s=0} = \dfrac{1}{2}$, $K_2 = \dfrac{s+1}{s}\bigg|_{s=-2} = \dfrac{1}{2}$

$\therefore F(s) = \dfrac{1}{2} \cdot \dfrac{1}{s} + \dfrac{1}{2} \cdot \dfrac{1}{s+2}$

$\therefore f(t) = \mathcal{L}^{-1}F(s) = \dfrac{1}{2} + \dfrac{1}{2}e^{-2t} = \dfrac{1}{2}(1 + e^{-2t})$

13 역라플라스 변환의 기본식

$F(s)$	$f(t)$
1	$\delta(t)$
$\dfrac{1}{s}$	$u(t) = 1$
$\dfrac{1}{s^2}$	t
$\dfrac{n!}{s^{n+1}}$	t^n
$\dfrac{1}{s \pm a}$	$e^{\mp at}$
$\dfrac{\omega}{s^2 + \omega^2}$	$\sin \omega t$
$\dfrac{s}{s^2 + \omega^2}$	$\cos \omega t$

14 다음 함수의 라플라스 역변환은?

[15년 3회 기사]

$$I(s) = \dfrac{2s+3}{(s+1)(s+2)}$$

① $e^{-t} - e^{-2t}$

② $e^t - e^{-2t}$

③ $e^{-t} + e^{-2t}$

④ $e^t + e^{-2t}$

해설 $F(s) = \dfrac{2s+3}{s^2+3s+2} = \dfrac{2s+3}{(s+2)(s+1)} = \dfrac{K_1}{s+2} + \dfrac{K_2}{s+1}$

유수 정리를 적용하면

$K_1 = \dfrac{2s+3}{s+1}\bigg|_{s=-2} = 1$, $K_2 = \dfrac{2s+3}{s+2}\bigg|_{s=-1} = 1$

$\therefore F(s) = \dfrac{1}{s+2} + \dfrac{1}{s+1}$

$\therefore f(t) = e^{-t} + e^{-2t}$

정답 13. ④ 14. ③

15 $\dfrac{d^2x(t)}{dt^2}+2\dfrac{dx(t)}{dt}+x(t)=1$ 에서 $x(t)$는 얼마인가? (단,

$x(0)=x'(0)=0$ 이다.)

[14년 2회 기사]

① $te^{-t}-e^t$ ② $t^{-t}+e^{-t}$

③ $1-te^{-t}-e^{-t}$ ④ $1+te^{-t}+e^{-t}$

해설 $s^2X(s)+2sX(s)+X(s)=\dfrac{1}{s}$

$X(s)=\dfrac{1}{s(s^2+2s+1)}=\dfrac{1}{s(s+1)^2}$

$\quad\quad=\dfrac{1}{s}-\dfrac{1}{(s+1)^2}-\dfrac{1}{s+1}$

$\therefore\ x(t)=1-te^{-t}-e^{-t}$

15 실미분 정리

• $\mathcal{L}\left[\dfrac{d}{dt}f(t)\right]=sF(s)$

• $\mathcal{L}\left[\dfrac{d^2}{dt^2}f(t)\right]=s^2F(s)$

○ **정답** 15. ③

CHAPTER

03

전달함수

출제비율

기 사

(회로이론
출제비율 포함)

5.6 %

기출개념 01 전달함수의 정의 및 전기회로의 전달함수

(1) 전달함수의 정의

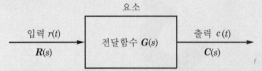

요소

입력 $r(t)$
$R(s)$
→ 전달함수 $G(s)$ → 출력 $c(t)$
$C(s)$

전달함수는 '모든 초기값을 0으로 했을 때 입력신호의 라플라스 변환과 출력신호의 라플라스 변환의 비'로 정의한다.

$$전달함수\ G(s) = \frac{\mathcal{L}[c(t)]}{\mathcal{L}[r(t)]} = \frac{C(s)}{R(s)}$$

(2) 전기회로의 전달함수

① $R-L$ 직렬회로의 전달함수

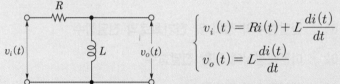

$$\begin{cases} v_i(t) = Ri(t) + L\dfrac{di(t)}{dt} \\ v_o(t) = L\dfrac{di(t)}{dt} \end{cases}$$

위 식을 초기값 0인 조건에서 라플라스 변환하면

$$\begin{cases} V_i(s) = RI(s) + LsI(s) = (R+Ls)I(s) \\ V_o(s) = LsI(s) \end{cases}$$

$$\therefore\ G(s) = \frac{V_o(s)}{V_i(s)} = \frac{Ls}{R+Ls}$$

[별해] $G(s) = \dfrac{출력측에서\ 바라본\ 임피던스}{입력측에서\ 바라본\ 임피던스}$

② $R-C$ 직렬회로의 전달함수

$$\begin{cases} v_i(t) = Ri(t) + \dfrac{1}{C}\displaystyle\int i(t)dt \\ v_o(t) = \dfrac{1}{C}\displaystyle\int i(t)dt \end{cases}$$

위 식을 초기값 0인 조건에서 라플라스 변환하면

$$\begin{cases} V_i(s) = \left(R + \dfrac{1}{Cs}\right)I(s) \\ V_o(s) = \dfrac{1}{Cs}I(s) \end{cases}$$

$$\therefore\ G(s) = \frac{V_o(s)}{V_i(s)} = \frac{\dfrac{1}{Cs}}{R+\dfrac{1}{Cs}}$$

[별해] $G(s) = \dfrac{출력측에서\ 바라본\ 임피던스}{입력측에서\ 바라본\ 임피던스}$

1. 그림과 같은 회로의 전달함수 $\dfrac{e_2(s)}{e_1(s)}$ 는?

11·07·04·99·94 기사

① $\dfrac{1}{LCs^2 + RCs + 1}$

② $\dfrac{Cs}{LCs^2 + RCs + 1}$

③ $\dfrac{Ls}{LCs^2 + RCs + 1}$

④ $\dfrac{LCs^2}{LCs^2 + RCs + 1}$

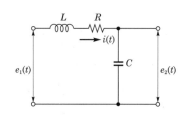

해설 $G(s) = \dfrac{V_o(s)}{V_i(s)} = \dfrac{\dfrac{1}{Cs}}{Ls + R + \dfrac{1}{Cs}} = \dfrac{1}{LCs^2 + RCs + 1}$

답 ①

2. 그림과 같은 회로에서 전달함수 $\dfrac{V_o(s)}{I(s)}$ 를 구하면? (단, 초기 조건은 모두 0으로 한다.)

① $\dfrac{1}{RCs + 1}$

② $\dfrac{R}{RCs + 1}$

③ $\dfrac{C}{RCs + 1}$

④ $\dfrac{RCs}{RCs + 1}$

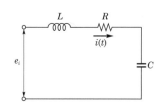

해설 $\dfrac{V_o(s)}{I(s)} = Z(s) = \dfrac{1}{\dfrac{1}{R} + Cs} = \dfrac{R}{RCs + 1}$ (전류에 대한 전압의 비이므로 임피던스를 구한다.)

답 ②

3. 그림과 같은 $R-L-C$ 회로망에서 입력전압을 $e_i(t)$, 출력량을 $i(t)$로 할 때, 이 요소의 전달함수는 어느 것인가?

① $\dfrac{Rs}{LCs^2 + RCs + 1}$

② $\dfrac{RLs}{LCs^2 + RCs + 1}$

③ $\dfrac{Ls}{LCs^2 + RCs + 1}$

④ $\dfrac{Cs}{LCs^2 + RCs + 1}$

해설 $\dfrac{I(s)}{E(s)} = Y(s) = \dfrac{1}{Z(s)} = \dfrac{1}{R + Ls + \dfrac{1}{Cs}} = \dfrac{Cs}{LCs^2 + RCs + 1}$

(전압에 대한 전류의 비이므로 어드미턴스를 구한다.)

답 ④

기출개념 02 미분방정식에 의한 전달함수

전달함수의 정의에서 모든 초기값을 0으로 하고 실미분·실적분 정리를 이용하여 전달함수를 구한다.

어떤 계를 표시하는 미분방정식이 $\dfrac{d^2 y(t)}{dt^2} + 3\dfrac{dy(t)}{dt} + 2y(t) = \dfrac{dx(t)}{dt} + x(t)$ 라고 한다.

$x(t)$는 입력, $y(t)$는 출력이라고 한다면 이 계의 전달함수는 초기값은 0으로 하고 양변을 실미분 정리를 이용, 라플라스 변환하면 다음과 같다.

$$s^2 \boldsymbol{Y}(s) + 3s\boldsymbol{Y}(s) + 2\boldsymbol{Y}(s) = s\boldsymbol{X}(s) + \boldsymbol{X}(s)$$

$$(s^2 + 3s + 2)\boldsymbol{Y}(s) = (s + 1)\boldsymbol{X}(s)$$

전달함수 $\boldsymbol{G}(s) = \dfrac{\boldsymbol{Y}(s)}{\boldsymbol{X}(s)} = \dfrac{s + 1}{s^2 + 3s + 2}$

기·출·개·념 문제

1. 제어계의 미분방정식이 $\dfrac{d^3 c(t)}{dt^3} + 4\dfrac{d^2 c(t)}{dt^2} + 5\dfrac{dc(t)}{dt} + c(t) = 5r(t)$로 주어졌을 때 전달함수를 구하면?

① $\dfrac{5}{s^3 + 4s^2 + 5s + 1}$
② $\dfrac{s^3 + 4s^2 + 5s + 1}{5s}$

③ $\dfrac{5s}{s^3 + 4s^2 + 5s + 1}$
④ $s^3 + 4s^2 + 5s + 1$

(해설) $(s^3 + 4s^2 + 5s + 1)\boldsymbol{C}(s) = 5\boldsymbol{R}(s)$

$\therefore \boldsymbol{G}(s) = \dfrac{\boldsymbol{C}(s)}{\boldsymbol{R}(s)} = \dfrac{5}{s^3 + 4s^2 + 5s + 1}$

답 ①

2. 어떤 제어계의 전달함수가 $\boldsymbol{G}(s) = \dfrac{2s + 1}{s^2 + s + 1}$로 표시될 때, 이 계에 입력 $x(t)$를 가했을 경우 출력 $y(t)$를 구하는 미분방정식은? **08 기사**

① $\dfrac{d^2 y}{dt^2} + \dfrac{dy}{dt} + y = 2\dfrac{dx}{dt} + x$
② $\dfrac{d^2 y}{dt^2} - 2\dfrac{dy}{dt} + y = \dfrac{dx}{dt} + x$

③ $\dfrac{d^2 y}{dt^2} + 2\dfrac{dy}{dt} + y = -\dfrac{dx}{dt} + x$
④ $\dfrac{d^2 y}{dt^2} + \dfrac{dy}{dt} + y^2 = \dfrac{dx}{dt} + x$

(해설) $\boldsymbol{G}(s) = \dfrac{\boldsymbol{Y}(s)}{\boldsymbol{X}(s)} = \dfrac{2s + 1}{s^2 + s + 1}$

$(s^2 + s + 1)\boldsymbol{Y}(s) = (2s + 1)\boldsymbol{X}(s)$

$\therefore \dfrac{d^2}{dt^2}y(t) + \dfrac{d}{dt}y(t) + y(t) = 2\dfrac{d}{dt}x(t) + x(t)$

답 ①

제어요소의 전달함수

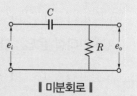

┃ 미분회로 ┃

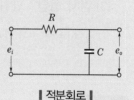

┃ 적분회로 ┃

(1) 비례요소

전달함수 $\boxed{G(s) = K}$ (여기서, K : 이득정수)

(2) 미분요소

전달함수 $\boxed{G(s) = \dfrac{Y(s)}{X(s)} = Ks}$

(3) 적분요소

전달함수 $\boxed{G(s) = \dfrac{Y(s)}{X(s)} = \dfrac{K}{s}}$

(4) 1차 지연요소

전달함수 $\boxed{G(s) = \dfrac{Y(s)}{X(s)} = \dfrac{K}{Ts+1}}$

(5) 2차 지연요소

전달함수 $\boxed{G(s) = \dfrac{Y(s)}{X(s)} = \dfrac{K\omega_n^{\,2}}{s^2 + 2\delta\omega_n s + \omega_n^{\,2}}}$

여기서, δ : 감쇠계수 또는 제동비, ω_n : 고유 주파수

(6) 부동작 시간요소

전달함수 $\boxed{G(s) = \dfrac{Y(s)}{X(s)} = Ke^{-Ls}}$

여기서, L : 부동작 시간

기·출·개·념 문제

1. 부동작 시간요소의 전달함수는?　　　　　　　　　　　　　　　　　　　　`04 기사`

① K　　　　② $\dfrac{K}{s}$　　　　③ Ke^{-Ls}　　　　④ Ks

(해설) 부동작 시간요소의 전달함수 $G(s) = Ke^{-Ls}$ (여기서, L : 부동작 시간)　　**답** ③

2. 그림과 같은 회로는?

① 가산회로　　　② 승산회로
③ 미분회로　　　④ 적분회로

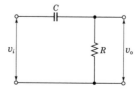

(해설) $G(s) = \dfrac{v_o(s)}{v_i(s)} = \dfrac{R}{R + \dfrac{1}{Cs}} = \dfrac{RCs}{RCs+1}$

$RC \ll 1$이면 $G(s) \fallingdotseq RCs$　　**답** ③

기출 개념 **04** **자동제어계의 시간 응답**

(1) 임펄스 응답 : 단위 임펄스 입력의 입력신호에 대한 응답

$$y(t) = \mathcal{L}^{-1}[\boldsymbol{Y}(s)] = \mathcal{L}^{-1}[\boldsymbol{G}(s) \cdot 1]$$

(2) 인디셜 응답 : 단위 계단 입력의 입력신호에 대한 응답

$$y(t) = \mathcal{L}^{-1}[\boldsymbol{Y}(s)] = \mathcal{L}^{-1}\left[\boldsymbol{G}(s) \cdot \frac{1}{s}\right]$$

(3) 경사 응답 : 단위 램프 입력의 입력신호에 대한 응답

$$y(t) = \mathcal{L}^{-1}[\boldsymbol{Y}(s)] = \mathcal{L}^{-1}\left[\boldsymbol{G}(s) \cdot \frac{1}{s^2}\right]$$

기·출·개·념 **문제**

1. 전달함수 $C(s) = G(s)R(s)$에서 입력 함수를 단위 임펄스, 즉 $\delta(t)$로 가할 때 계의 응답은?

① $G(s)\delta(s)$

② $\dfrac{G(s)}{\delta(s)}$

③ $\dfrac{G(s)}{s}$

④ $G(s)$

해설 $r(t) = \delta(t)$, $R(s) = 1$, $C(s) = G(s)$
임펄스 응답에서는 $C(s) = G(s)$가 된다.

답 ④

2. 어떤 계에 임펄스 함수(δ 함수)가 입력으로 가해졌을 때 시간 함수 e^{-2t}가 출력으로 나타났다. (이 출력을 임펄스 응답이라 한다.) 이 계의 전달함수는?

① $\dfrac{1}{s+2}$

② $\dfrac{1}{s-2}$

③ $\dfrac{2}{s+2}$

④ $\dfrac{2}{s-2}$

해설 전달함수 $G(s) = \mathcal{L}[e^{-2t}] = \dfrac{1}{s+2}$

답 ①

3. 전달함수 $G(s) = \dfrac{1}{s+1}$인 제어계의 인디셜 응답은?

① $1 - e^{-t}$

② e^{-t}

③ $1 + e^{-t}$

④ $e^{-t} - 1$

해설 $G(s) = \dfrac{C(s)}{R(s)} = \dfrac{1}{s+1}$에서 인디셜 응답이므로 입력 $r(t) = u(t)$ 즉, $R(s) = \dfrac{1}{s}$

$\therefore C(s) = \dfrac{1}{s+1} \cdot R(s) = \dfrac{1}{s+1} \cdot \dfrac{1}{s} = \dfrac{1}{s(s+1)} = \dfrac{1}{s} - \dfrac{1}{s+1}$

$\therefore C(t) = 1 - e^{-t}$

답 ①

기출개념 05 병진운동계의 전기적 유추법

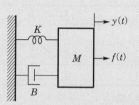

┃ 기본 사용 변수의 전기적 유추 ┃

전기계	병진운동계
전하 Q	변위 y
전류 I	속도 v
전압 V	힘 F

병진운동계의 기본 요소는 질량, 스프링, 점성마찰로 구성된다.

(1) 질량(M)

질량은 운동에너지를 저장하는 요소이다.

$$f(t) = M\frac{d}{dt}v(t) = M\frac{d^2y(t)}{dt^2}$$

힘–전압 유추법에서는 인덕턴스(L)에 해당한다.

(2) 스프링상수(K)

스프링은 위치에너지를 저장하는 요소이다.

$$f(t) = Ky(t) = \int v(t)dt$$

힘–전압 유추법에서는 커패시턴스(C)에 해당한다.

(3) 점성마찰계수(B)

점성마찰은 운동을 방해하는 힘이다.

$$f(t) = Bv(t) = B\frac{dy(t)}{dt}$$

힘–전압 유추법에서는 전기저항(R)에 해당한다.

기·출·개·념 문제

질량, 속도, 힘을 전기계로 유추(analogy)하는 경우 옳은 것은? `90 기사`

① 질량 = 임피턴스, 속도 = 전류, 힘 = 전압
② 질량 = 인덕턴스, 속도 = 전류, 힘 = 전압
③ 질량 = 저항, 속도 = 전류, 힘 = 전압
④ 질량 = 용량, 속도 = 전류, 힘 = 전압

(해설) 병진운동계를 전기계로 유추하면 다음과 같다.
  • 변위 → 전기량, 힘 → 전압, 속도 → 전류
  • 점성마찰계수 → 전기저항, 스프링강도 → 정전용량, 질량 → 인덕턴스

답 ②

회전운동계의 전기적 유추법

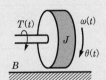

┃ 기본 사용 변수의 전기적 유추 ┃

전기계	회전운동계
전하 Q	각변위 θ
전류 I	각속도 ω
전압 V	토크 T

회전운동계의 기본 요소는 관성, 비틀림, 회전마찰로 구성된다.

(1) 관성모멘트(J)

$$T(t) = J\frac{d\omega(t)}{dt} = J\frac{d^2\theta(t)}{dt^2}$$

힘-전압 유추법에서는 인덕턴스(L)에 해당한다.

(2) 비틀림강도(K)

$$T(t) = K\theta(t) = K\int \omega(t)dt$$

힘-전압 유추법에서는 커패시턴스(C)에 해당한다.

(3) 회전마찰계수(B)

$$T(t) = B\omega(t) = B\frac{d\theta(t)}{dt}$$

힘-전압 유추법에서는 전기저항(R)에 해당한다.

기·출·개·념 문제

그림과 같은 기계적인 회전운동계에서 토크 $T(t)$를 입력으로, 변위 $\theta(t)$를 출력으로 하였을 때의 전달함수는?

83 기사

① $\dfrac{1}{Js^2 + Bs + K}$

② $Js^2 + Bs + K$

③ $\dfrac{s}{Js^2 + Bs + K}$

④ $\dfrac{Js^2 + Bs + K}{s}$

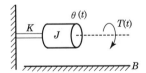

해설 토크 $T(t)$와 변위 $\theta(t)$ 사이의 관계

$$J\frac{d^2}{dt^2}\theta(t) + B\frac{d}{dt}\theta(t) + K\theta(t) = T(t)$$

초기값을 0으로 하고 라플라스 변환하면

$$Js^2\theta(s) + Bs\theta(s) + K\theta(s) = T(s)$$

$$\therefore \; G(s) = \frac{\theta(s)}{T(s)} = \frac{1}{Js^2 + Bs + K}$$

답 ①

이런 문제가 시험에 나온다!
단원 최근 빈출문제

기출 핵심 NOTE

01 모든 초기값을 0으로 할 때 입력에 대한 출력의 비는?

[14년 1회 기사]

① 전달함수   ② 충격함수

③ 경사함수   ④ 포물선 함수

 전달함수는 모든 초기값을 0으로 했을 때 입력신호의 라플라스
변환과 출력신호의 라플라스 변환의 비로 정의한다.

01 전달함수

모든 초기값을 0으로 했을 때 입력 라플라스 변환과 출력 라플라스 변환비

$$G(s) = \frac{C(s)}{R(s)}$$

02 RC 저역 여파기 회로의 전달함수 $G(j\omega)$에서 $\omega = \frac{1}{RC}$
인 경우 $|G(j\omega)|$의 값은?

[14년 2회 기사]

① 1

② $\frac{1}{\sqrt{2}}$

③ $\frac{1}{\sqrt{3}}$

④ $\frac{1}{2}$

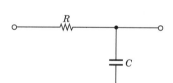

02 전압비 전달함수

$$G(s) = \frac{\text{출력 임피던스}}{\text{입력 임피던스}}$$

• $R \rightarrow R$

• $L \rightarrow j\omega L = sL$

• $C \rightarrow \frac{1}{j\omega C} = \frac{1}{sC}$

해설

$$G(s) = \frac{\frac{1}{sC}}{R + \frac{1}{sC}} = \frac{1}{sRC+1}, \quad G(j\omega) = \frac{1}{j\omega RC+1}$$

$$\therefore |G(j\omega)| = \frac{1}{\sqrt{(\omega RC)^2+1}}\bigg|_{\omega=\frac{1}{R_C}} = \frac{1}{\sqrt{2}} = 0.707$$

03 그림과 같은 전기회로의 전달함수는? (단, $e_i(t)$는 입력
전압, $e_o(t)$는 출력전압이다.)

[15년 3회 기사]

① $\frac{1+CRs}{CR}$

② $\frac{1+CRs}{CRs}$

③ $\frac{CR}{1+CRs}$

④ $\frac{CRs}{1+CRs}$

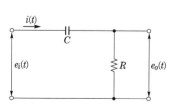

정답 01. ①   02. ②   03. ④

해설
전달함수 $G(s) = \dfrac{E_o(s)}{E_i(s)} = \dfrac{R}{\dfrac{1}{Cs}+R} = \dfrac{CRs}{1+CRs}$

04 그림과 같은 RC 저역 통과 필터 회로에 단위 임펄스를 입력으로 가했을 때 응답 $h(t)$는? [19년 2회 기사]

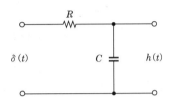

① $h(t) = RCe^{-\frac{t}{RC}}$

② $h(t) = \dfrac{1}{RC}e^{-\frac{t}{RC}}$

③ $h(t) = \dfrac{R}{1+j\omega RC}$

④ $h(t) = \dfrac{1}{RC}e^{-\frac{C}{R}t}$

해설
전달함수 $G(s) = \dfrac{H(s)}{\delta(s)} = \dfrac{\dfrac{1}{Cs}}{R+\dfrac{1}{Cs}} = \dfrac{1}{RCs+1} = \dfrac{\dfrac{1}{RC}}{s+\dfrac{1}{RC}}$

임펄스 입력이므로 $\delta(s) = 1$

$\therefore H(s) = \dfrac{\dfrac{1}{RC}}{s+\dfrac{1}{RC}}$

$\because h(t) = \dfrac{1}{RC}e^{-\frac{1}{RC}t}$

05 다음 그림과 같은 회로의 전달함수는? $\left(\text{단, } T_1 = R_1 C,\right.$ $T_2 = \dfrac{R_2}{R_1+R_2}$ 이다. $\left.\right)$ [15년 2회 기사]

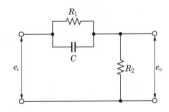

① $\dfrac{1}{1+T_1 s}$

② $\dfrac{T_2(1+T_1 s)}{1+T_1 T_2 s}$

③ $\dfrac{1+T_1 s}{1+T_2 s}$

④ $\dfrac{T_2(1+T_1 s)}{T_1(1+T_2 s)}$

기출 핵심 NOTE

04 임펄스 응답
단위 임펄스 입력의 입력신호에 대한 응답
$h(t) = \mathcal{L}^{-1}[H(s)]$

05 전압비 전달함수
$G(s) = \dfrac{\text{출력 임피던스}}{\text{입력 임피던스}}$
• $R \rightarrow R$
• $L \rightarrow j\omega L = sL$
• $C \rightarrow \dfrac{1}{j\omega C} = \dfrac{1}{sC}$

정답 04. ② 05. ②

해설

$$G(s) = \frac{E_o(s)}{E_i(s)} = \frac{R_2}{\dfrac{R_1}{1 + R_1 C s} + R_2}$$

$$= \frac{R_2}{\dfrac{R_1}{1 + T_1 s} + R_2}$$

$$= \frac{R_2(1 + T_1 s)}{R_1 + R_2 + R_2 T_1 s}$$

$$= \frac{\dfrac{R_2}{R_1 + R_2}(1 + T_1 s)}{1 + \dfrac{R_2}{R_1 + R_2}}$$

$$= \frac{T_2(1 + T_1 s)}{1 + T_1 T_2 s}$$

06 입력신호 $x(t)$와 출력신호 $y(t)$의 관계가 다음과 같을 때 전달함수는? [17년 3회 기사]

$$\frac{d^2}{dt^2}y(t) + 5\frac{d}{dt}y(t) + 6y(t) = x(t)$$

① $\dfrac{1}{(s+2)(s+3)}$

② $\dfrac{s+1}{(s+2)(s+3)}$

③ $\dfrac{s+4}{(s+2)(s+3)}$

④ $\dfrac{s}{(s+2)(s+3)}$

해설 $\dfrac{d^2}{dt^2}y(t) + 5\dfrac{dy(t)}{dt} + 6y(t) = x(t)$

라플라스 변환하면 $s^2 Y(s) + 5s Y(s) + 6 Y(s) = X(s)$

$\therefore$ $G(s) = \dfrac{Y(s)}{X(s)} = \dfrac{1}{s^2 + 5s^2 + 6} = \dfrac{1}{(s+2)(s+3)}$

06 미분방정식의 전달함수

전달함수는 모든 초기값을 0으로 하므로

• $\mathcal{L}\left[\dfrac{d}{dt}f(t)\right] = sF(s)$

• $\mathcal{L}\left[\dfrac{d^2}{dt^2}f(t)\right] = s^2 F(s)$

• $\mathcal{L}\left[\dfrac{d^3}{dt^3}f(t)\right] = s^3 F(s)$

정답 06. ①

🔍 기출 핵심 NOTE

07 어떤 2단자 회로에 단위 임펄스 전압을 가할 때 $2e^{-t} + 3e^{-2t}$[A]의 전류가 흘렀다. 이를 회로로 구성하면? (단, 각 소자의 단위는 기본 단위로 한다.) [14년 1회 기사]

①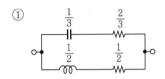

②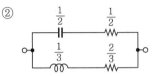

③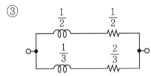

④

07 어드미턴스

$$Y(s) = \frac{1}{Z(s)}$$

임피던스 $Z(s)$의 +는 직렬 연결을 의미하고, 어드미턴스 $Y(s)$의 +는 병렬 연결을 의미한다.

해설 $Y(s) = \dfrac{I(s)}{V(s)} = \dfrac{2}{s+1} + \dfrac{3}{s+2} = \dfrac{1}{\dfrac{1}{2}s + \dfrac{1}{2}} + \dfrac{1}{\dfrac{1}{3}s + \dfrac{2}{3}}$

08 비례요소를 나타내는 전달함수는? [16년 3회 기사]

① $G(s) = K$

② $G(s) = Ks$

③ $G(s) = \dfrac{K}{s}$

④ $G(s) = \dfrac{K}{Ts+1}$

해설 비례요소는 입력을 $x(t)$, 출력을 $y(t)$라 하면 $y(t) = Kx(t)$로 표시되는 요소로 증폭기 등이 해당된다. 라플라스 변환하면 $Y(s) = KX(s)$이므로

전달함수 $G(s) = \dfrac{Y(s)}{X(s)} = K$

08 각종 제어요소의 전달함수

• 비례요소의 전달함수 : K
• 미분요소의 전달함수 : Ks
• 적분요소의 전달함수 : $\dfrac{K}{s}$
• 1차 지연요소의 전달함수
  $$G(s) = \dfrac{K}{1+Ts}$$
• 부동작시간 요소의 전달함수
  $$G(s) = Ke^{-Ls}$$

09 그림과 같은 요소는 제어계의 어떤 요소인가? [17년 3회 기사]

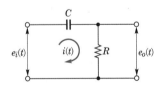

① 적분요소

② 미분요소

③ 1차 지연요소

④ 1차 지연 미분요소

09 • 미분회로

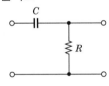

1차 지연 미분요소

• 적분회로

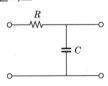

해설 전달함수 $G(s) = \dfrac{R}{\dfrac{1}{Cs} + R} = \dfrac{RCs}{RCs+1}$

$RC \ll 1$인 경우 $G(s) \fallingdotseq RCs$

따라서 1차 지연요소를 포함한 미분요소의 전달함수가 된다.

정답 07. ③ 08. ① 09. ④

10 그림과 같은 스프링 시스템을 전기적 시스템으로 변환했을 때 이에 대응하는 회로는?

[18년 2회 기사]

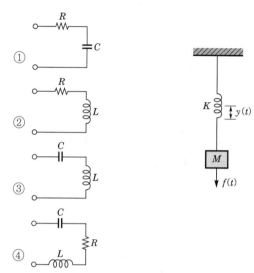

① (회로)

② (회로)

③ (회로)

④ (회로)

기출 핵심 NOTE

10 병진운동계의 기본 요소

- 질량(M) → 인덕턴스(L)
- 스프링상수(K) → 커패시턴스(C)
- 마찰계수(B) → 전기저항(R)

해설 직선운동계를 전기계로 유추

- 힘 → 전압
- 속도 → 전류
- 점성마찰 → 전기저항
- 기계적 강도 → 정전용량
- 질량 → 인덕턴스

힘 $f(t)$와 변위 $y(t)$와의 관계식은

$$f(t) = M\frac{d^2y(t)}{dt^2} + Ky(t)$$

전기회로로 표시하면 다음과 같다.

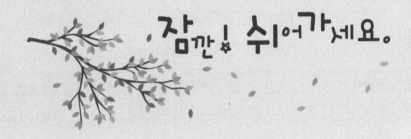

잠깐! 쉬어가세요.

"언제나 현재에 집중할 수 있다면
행복할 것이다."

– 파올로 코엘료 –

출제비율

기 사

14.0%

기출개념 01 블록선도의 기본기호

명 칭	심 벌	내 용
(1) 전달요소	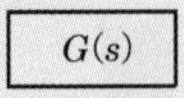 $G(s)$	입력신호를 받아서 적당히 변환된 출력신호를 만드는 부분으로 네모 속에는 전달함수를 기입한다.
(2) 화살표	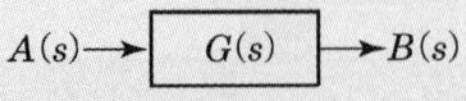 $A(s) \rightarrow G(s) \rightarrow B(s)$	신호의 흐르는 방향을 표시하며 $A(s)$는 입력, $B(s)$는 출력이므로 $B(s) = G(s) \cdot A(s)$로 나타낼 수 있다.
(3) 가합점	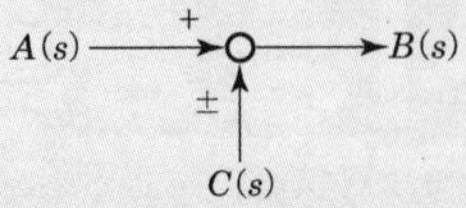 $A(s) \xrightarrow{+} \circ \rightarrow B(s)$ $\pm$ $C(s)$	두 가지 이상의 신호가 있을 때 이들 신호의 합과 차를 만드는 부분으로 $B(s) = A(s) \pm C(s)$가 된다.
(4) 인출점 (분기점)	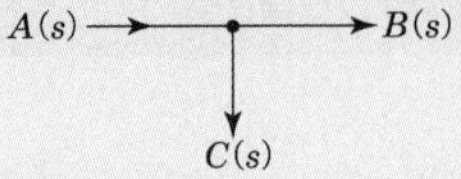 $A(s) \rightarrow \bullet \rightarrow B(s)$ $C(s)$	한 개의 신호를 두 계통으로 분기하기 위한 점으로 $A(s) = B(s) = C(s)$가 된다.

기·출·개·념 문제

1. 그림에서 전달함수 $G(s)$는?   99·92 기사

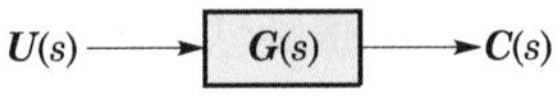

① $\dfrac{U(s)}{C(s)}$ 　② $\dfrac{C(s)}{U(s)}$ $\qquad U(s) \rightarrow G(s) \rightarrow C(s)$

③ $U(s)C(s)$ 　④ $\dfrac{C^2(s)}{U(s)}$

해설 전달함수 $G(s) = \dfrac{\text{출력 라플라스 변환}}{\text{입력 라플라스 변환}} = \dfrac{C(s)}{U(s)}$

∴ 전달요소는 입력신호를 받아서 적당히 변환된 출력신호를 만드는 부분으로 네모 속에는 전달함수를 기입한다.   **답** ②

2. 자동제어의 각 요소를 블록선도로 표시할 때에 각 요소를 전달함수로 표시하고 신호의 전달경로는 무엇으로 표시하는가?   16·96 기사

① 전달함수   　② 단자   　③ 화살표   　④ 출력

해설 신호의 흐르는 방향, 즉 신호의 전달경로는 화살표로 표시한다.

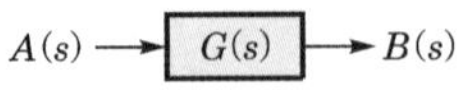

$$A(s) \rightarrow G(s) \rightarrow B(s)$$

$A(s)$는 입력, $B(s)$는 출력이므로 $B(s) = G(s) \cdot A(s)$이다.   **답** ③

3. 그림과 같은 시스템의 등가 합성 전달함수는?   90 기사

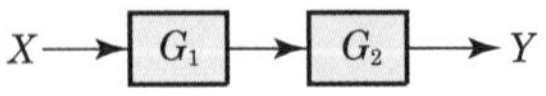

① $G_1 + G_2$ 　② $G_1 G_2$

③ $G_1 \sqrt{G_2}$ 　④ $G_1 - G_2$ $\qquad X \rightarrow G_1 \rightarrow G_2 \rightarrow Y$

해설 $XG_1G_2 = Y$

∴ $G(s) = \dfrac{Y}{X} = G_1 G_2$ **답** ②

기출개념 02 블록선도의 기본접속

(1) 직렬접속

2개 이상의 요소가 직렬로 접속되어 있는 방식

$$R(s) \longrightarrow \boxed{G_1(s)} \longrightarrow \boxed{G_2(s)} \longrightarrow C(s)$$

$$G(s) = \frac{C(s)}{R(s)} = G_1(s) \cdot G_2(s)$$

(2) 병렬접속

2개 이상의 요소가 병렬로 접속되어 있는 방식

$$G(s) = \frac{C(s)}{R(s)} = G_1(s) \pm G_2(s)$$

(3) 피드백접속(궤환접속)

출력신호 $C(s)$의 일부가 요소 $H(s)$를 거쳐 입력측에 피드백(feedback)되는 접속방식

$$G(s) = \frac{C(s)}{R(s)} = \frac{G(s)}{1 \pm G(s)H(s)}$$

기·출·개·념 문제

그림의 두 블록선도가 등가인 경우, A요소의 전달함수는?

95 기사

① $\dfrac{-1}{s+4}$

② $\dfrac{-2}{s+4}$

③ $\dfrac{-3}{s+4}$

④ $\dfrac{-4}{s+4}$

$$R \longrightarrow \boxed{\frac{s+3}{s+4}} \longrightarrow C \qquad\qquad R \longrightarrow \boxed{A} \longrightarrow \overset{+}{\bigcirc} \longrightarrow C$$

(a)   (b)

[해설] 그림 (a)에서 $R \cdot \dfrac{s+3}{s+4} = C$ $\therefore \dfrac{C}{R} = \dfrac{s+3}{s+4}$

그림 (b)에서 $RA + R = C$, $R(A+1) = C$ $\therefore \dfrac{C}{R} = A+1$

$\dfrac{s+3}{s+4} = A+1$ $\therefore A = \dfrac{s+3}{s+4} - 1 = \dfrac{-1}{s+4}$

답 ①

기출개념 03 블록선도의 등가변환

구 분	블록선도	블록선도의 등가변환
(1) 직렬결합	$R(s) \rightarrow G_1 \rightarrow G_2 \rightarrow C(s)$	$R(s) \rightarrow G_1 \cdot G_2 \rightarrow C(s)$
(2) 병렬결합	$R(s)$, G_1, G_2, $\pm$, $+$, $C(s)$	$R(s) \rightarrow G_1 \pm G_2 \rightarrow C(s)$
(3) 궤환접속	$R(s)$, $+$, $\mp$, G, $C(s)$, H	$R(s) \rightarrow \dfrac{G}{1 \pm GH} \rightarrow C(s)$
(4) 가합점의 앞으로 이동	$R(s) \rightarrow G$, $+$, $\pm$, $C(s)$, $B(s)$	$R(s)$, $+$, $\pm$, G, $C(s)$, $B(s) \rightarrow \dfrac{1}{G}$
(5) 가합점의 뒤로 이동	$R(s)$, $+$, $\pm$, G, $C(s)$, $B(s)$	$R(s) \rightarrow G$, $+$, $\pm$, $C(s)$, $B(s) \rightarrow G$
(6) 인출점의 앞으로 이동	$R(s) \rightarrow G \rightarrow C(s)$, $C(s)$	$R(s)$, $G \rightarrow C(s)$, $G \rightarrow C(s)$
(7) 인출점의 뒤로 이동	$R(s) \rightarrow G \rightarrow C(s)$, $R(s)$	$R(s) \rightarrow G \rightarrow C(s)$, $\dfrac{1}{G} \rightarrow R(s)$

기·출·개·념 문제

1. 블록선도 변환이 틀린 것은? 19 기사

① $X_1 \rightarrow G \rightarrow X_3$, X_2 ⟹ $X_1 \rightarrow G \rightarrow X_3$, $G \leftarrow X_2$

② $X_1 \rightarrow G \rightarrow X_2$, X_2 ⟹ X_1, X_2, $G \rightarrow X_2$, G

③ $X_1 \rightarrow G \rightarrow X_2$, X_1 ⟹ $X_1 \rightarrow G \rightarrow X_3$, X_1, $\dfrac{1}{G}$

④ $X_1 \rightarrow G \rightarrow X_3$, X_2 ⟹ $X_1 \rightarrow G \rightarrow X_3$, $G \leftarrow X_2$

해설 각 블록선도의 출력을 구하면 다음과 같다.

① $(X_1 + X_2)G = X_3$ ② $X_1 G = X_2$
③ $X_1 G = X_2$ ④ $X_1 G + X_2 = X_3$

$X_1 \rightarrow G \rightarrow X_3$, $\dfrac{1}{G} \leftarrow X_2$

▌④의 등가 변환 ▌

답 ④

2. 다음의 블록선도와 같은 것은? 15 기사

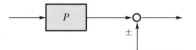

①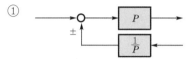

②

③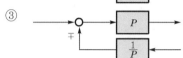

④

해설

$$A \longrightarrow \boxed{P} \longrightarrow \stackrel{\pm}{\bigcirc} \longrightarrow B$$
$$\stackrel{\uparrow}{} C$$

블록선도와 같은 것을 찾기 위해 위와 같이 A, B, C로 놓고 해석하면 $AP \pm C = B$

① $A \longrightarrow \bigcirc \stackrel{\pm}{} \longrightarrow \boxed{P} \longrightarrow B$, $\boxed{\dfrac{1}{P}} \longleftarrow C$

$\left(A \pm \dfrac{C}{P}\right) \cdot P = B$

$\therefore AP \pm C = B$

② $A \longrightarrow \bigcirc \stackrel{\pm}{} \longrightarrow \boxed{P} \longrightarrow B$, $\boxed{P} \longleftarrow C$

$(A \pm PC) \cdot P = B$

$\therefore AP \pm CP^2 = B$

③ $A \longrightarrow \bigcirc \stackrel{\mp}{} \longrightarrow \boxed{P} \longrightarrow B$, $\boxed{\dfrac{1}{P}} \longleftarrow C$

$\left(A \mp \dfrac{C}{P}\right) \cdot P = B$

$\therefore AP \mp C = B$

④ $A \longrightarrow \bigcirc \stackrel{\mp}{} \longrightarrow \boxed{P} \longrightarrow B$, $\boxed{P} \longleftarrow C$

$(A \mp PC) \cdot P = B$

$\therefore AP \mp CP^2 = B$

답 ①

3. 다음 블록선도를 옳게 등가 변환한 것은? 13·02·01 기사

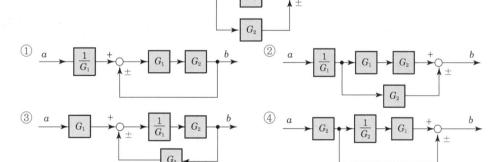

해설 전달함수 $\dfrac{b}{a} = G_1 \pm G_2$

④번 블록선도 해석

$aG_2 \cdot \dfrac{1}{G_2} \cdot G_1 \pm aG_2 = b$, $a(G_1 \pm G_2) = b$ $\therefore \dfrac{b}{a} = G_1 \pm G_2$

답 ④

기출개념 **04** 블록선도의 용어

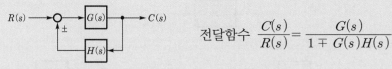

전달함수 $\dfrac{C(s)}{R(s)} = \dfrac{G(s)}{1 \mp G(s)H(s)}$

전달함수를 폐루프 전달함수 또는 종합전달함수라 한다.

① $H(s)$: 피드백 전달함수
② $G(s)H(s)$: 개루프 전달함수
③ $H(s) = 1$인 경우 : 단위 궤환제어계

  •──▶○──▶ : 정궤환제어계
      ↑ +

  •──▶○──▶ : 부궤환제어계
      ↑ −

④ 특성방정식 : 전달함수의 분모가 0이 되는 방정식
  $$1 \mp G(s)H(s) = 0$$
⑤ 영점(○) : 전달함수의 분자가 0이 되는 s의 근
⑥ 극점(×) : 전달함수의 분모가 0이 되는 s의 근

기·출·개·념 문제

1. $G(s) = \dfrac{s+1}{s^2 + 2s - 3}$ 의 특성방정식의 근은 얼마인가? 89 기사

① $-2, 3$ ② $1, -3$
③ $1, 2$ ④ 1

[해설] 특성방정식은 전달함수의 분모=0의 방정식이므로
$$s^2 + 2s - 3 = (s-1)(s+3) = 0$$
$$\therefore \ s = 1, \ -3$$
답 ②

2. 개루프 전달함수가 $G(s) = \dfrac{s+2}{s(s+1)}$ 일 때, 폐루프 전달함수는? 00·92 기사

① $\dfrac{s+2}{s^2 + s}$ ② $\dfrac{s+2}{s^2 + 2s + 2}$
③ $\dfrac{s+2}{s^2 + s + 2}$ ④ $\dfrac{s+2}{s^2 + 2s + 4}$

[해설] 폐루프 전달함수

$$G(s) = \frac{C(s)}{R(s)} = \frac{G(s)}{1 + G(s)} = \frac{\dfrac{s+2}{s(s+1)}}{1 + \dfrac{s+2}{s(s+1)}} = \frac{\dfrac{s+2}{s(s+1)}}{\dfrac{s(s+1) + s + 2}{s(s+1)}} = \frac{s+2}{s^2 + 2s + 2}$$

답 ②

3. 그림의 블록선도에서 등가전달함수는?

07·98 기사

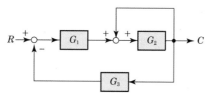

① $\dfrac{G_1 G_2}{1 + G_2 + G_1 G_2 G_3}$

② $\dfrac{G_1 G_2}{1 - G_2 + G_1 G_2 G_3}$

③ $\dfrac{G_1 G_3}{1 - G_2 + G_1 G_2 G_3}$

④ $\dfrac{G_1 G_3}{1 + G_2 + G_1 G_2 G_3}$

[해설] $\{(R - C G_3) G_1 + C\} G_2 = C$

$R G_1 G_2 - C G_1 G_2 G_3 + C G_2 = C$

$R G_1 G_2 = C(1 - G_2 + G_1 G_2 G_3)$

$\therefore$ 전달함수 $G(s) = \dfrac{C}{R} = \dfrac{G_1 G_2}{1 - G_2 + G_1 G_2 G_3}$

답 ②

4. 그림과 같은 블록선도에 대한 등가전달함수를 구하면?

19·12·01·99·97·95·94·93 기사

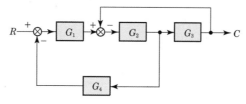

① $\dfrac{G_1 G_2 G_3}{1 + G_2 G_3 + G_1 G_2 G_4}$

② $\dfrac{G_1 G_2 G_3}{1 + G_1 G_2 + G_1 G_2 G_3}$

③ $\dfrac{G_1 G_2 G_3}{1 + G_1 G_2 + G_1 G_2 G_4}$

④ $\dfrac{G_1 G_2 G_3}{1 + G_2 G_3 + G_1 G_2 G_3}$

[해설] G_3 앞의 인출점을 G_3 뒤로 이동하면 다음과 같다.

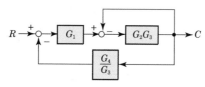

$\left\{ \left(R - C \dfrac{G_4}{G_3} \right) G_1 - C \right\} G_2 G_3 = C$

$R G_1 G_2 G_3 - C G_1 G_2 G_4 - C(G_2 G_3) = C$

$R G_1 G_2 G_3 = C(1 + G_2 G_3 + G_1 G_2 G_4)$

$\therefore G(s) = \dfrac{C}{R} = \dfrac{G_1 G_2 G_3}{1 + G_2 G_3 + G_1 G_2 G_4}$

답 ①

기출개념 05 신호흐름선도의 기초

(1) 소스(source)

R과 같이 밖으로 나가는 방향의 가지만 갖는
마디로 입력마디라 한다.

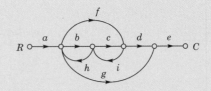

(2) 싱크(sink)

C와 같이 들어오는 방향의 가지만 갖는 마디로 출력마디라 한다.

(3) 경로(path)

동일한 진행방향을 갖는 연결가지의 집합을 말한다.

(4) 전향경로

소스에서 출발하여 싱크로 가는 경로로 같은 마디를 두 번 다시 통과하지 않는 경로

(a) 전향경로 1　　　　　(b) 전향경로 2　　　　　(c) 전향경로 3

(5) 전향경로이득

전향경로의 가지에 관계되는 계수들을 곱한 것

(a) 전향경로 1 : $abcde$, (b) 전향경로 2 : age, (c) 전향경로 3 : $afde$

(6) 루프(loop)

어떤 마디에서 출발 1마디로 되돌아오는 것으로 한 마디를 두 번 이상 지나지 않는다.

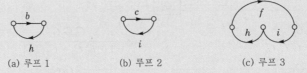

(a) 루프 1　　　　　(b) 루프 2　　　　　(c) 루프 3

(7) 루프이득(loop again)

루프의 가지에 관계되는 계수들을 곱한 것

(a) 루프 1 : bh, (b) 루프 2 : ci, (c) 루프 3 : fih

기·출·개·념 문제

다음의 신호흐름선도를 메이슨의 공식을 이용하여 전달함수를 구하고자 한다. 이 신호흐름선도에서 루프(loop)는 몇 개인가?

19 기사

① 0　　　　　② 1

③ 2　　　　　④ 3

해설 루프(loop)는 다음과 같다.

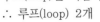

∴ 루프(loop) 2개

답 ③

기출개념 06 신호흐름선도의 이득공식

출력과 입력과의 비, 즉 계통의 이득 또는 전달함수 M는 다음 메이슨(Mason)의 정리에 의하여 구할 수 있다.

$$M = \frac{C}{R} = \frac{\sum_{k=1}^{n} G_k \Delta_k}{\Delta}$$

단, G_k : k번째의 전향경로(forword path)이득

Δ_k : k번째의 전향경로와 접하지 않은 부분에 대한 Δ의 값

$\Delta = 1 - \sum L_{n1} + \sum L_{n2} - \sum L_{n3} + \cdots$

여기서, $\sum L_{n1}$: 개개의 폐루프의 이득의 합

$\sum L_{n2}$: 2개 이상 접촉하지 않는 loop 이득의 곱의 합

$\sum L_{n3}$: 3개 이상 접촉하지 않는 loop 이득의 곱의 합

1. 그림의 신호흐름선도에서 $\dfrac{C}{R}$는? `12·09·07·05·04·94 기사`

① $\dfrac{ab}{1+b-abc}$ ② $\dfrac{ab}{1-b-abc}$

③ $\dfrac{ab}{1-b+abc}$ ④ $\dfrac{ab}{1-ab+abc}$

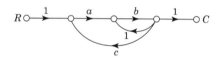

(해설) 전향경로 $n=1$

$G_1 = ab$, $\Delta_1 = 1$, $L_{11} = b$, $L_{21} = abc$

$\Delta = 1 - (L_{11} + L_{21}) = 1 - (b + abc) = 1 - b - abc$

$\therefore$ 전달함수 $M = \dfrac{C}{R} = \dfrac{G_1 \Delta_1}{\Delta} = \dfrac{ab}{1-b-abc}$ 답 ②

2. 다음 신호흐름선도에서 전달함수 $\dfrac{C}{R}$를 구하면 얼마인가? `10·86 기사`

① $\dfrac{abcdg}{1-abcde}$ ② $\dfrac{abcde}{1-cg-bcdf}$

③ $\dfrac{abcde}{1-cg-cgf}$ ④ $\dfrac{abcde}{c-cg-cgf}$

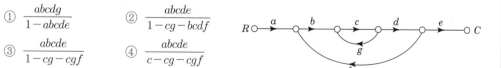

(해설) 전향경로 $n=1$

$G_1 = abcde$, $\Delta_1 = 1$, $L_{11} = cg$, $L_{21} = bcdf$

$\Delta = 1 - (L_{11} + L_{21}) = 1 - cg - bcdf$

$\therefore$ 전달함수 $M = \dfrac{C}{R} = \dfrac{G_1 \Delta_1}{\Delta} = \dfrac{abcde}{1-cg-bcdf}$ 답 ②

기·출·개·념 **문제**

3. 그림과 같은 신호흐름선도에서 전달함수 $\dfrac{C}{R}$ 는?

12 기사

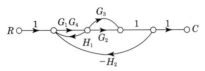

① $\dfrac{G_1 G_4 (G_2 + G_3)}{1 + G_1 G_4 H_1 + G_1 G_4 (G_2 + G_3) H_2}$ ② $\dfrac{G_1 G_4 (G_2 + G_3)}{1 - G_1 G_4 H_1 + G_1 G_4 (G_2 + G_3) H_2}$

③ $\dfrac{G_1 G_2 + G_3 G_4}{1 + G_1 G_2 G_4 H_2 + G_1 G_2 H_1}$ ④ $\dfrac{G_1 G_2 + G_3 G_4}{1 - G_1 G_2 H_1 + G_1 G_2 G_3 H_2}$

해설 전향경로 $n = 2$

$G_1 = G_1 G_2 G_4, \quad \Delta_1 = 1$

$G_2 = G_1 G_3 G_4, \quad \Delta_2 = 1$

$\Delta = 1 - (L_{11} + L_{21} + L_{31}) = 1 - G_1 G_4 H_1 + G_1 G_2 G_4 H_2 + G_1 G_3 G_4 H_2$

$\therefore$ 전달함수 $M = \dfrac{C}{R} = \dfrac{G_1 \Delta_1 + G_2 \Delta_2}{\Delta}$

$= \dfrac{G_1 G_2 G_4 + G_1 G_3 G_4}{1 - G_1 G_4 H_1 + G_1 G_2 G_4 H_2 + G_1 G_3 G_4 H_2}$

$= \dfrac{G_1 G_4 (G_2 + G_3)}{1 - G_1 G_4 H_1 + G_1 G_4 (G_2 + G_3) H_2}$

답 ②

4. 그림의 신호흐름선도에서 $\dfrac{y_2}{y_1}$ 의 값은?

16·11·96 기사

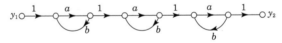

① $\dfrac{a^3}{(1 - ab)^3}$ ② $\dfrac{a^3}{(1 - 3ab + a^2 b^2)}$

③ $\dfrac{a^3}{1 - 3ab}$ ④ $\dfrac{a^3}{1 - 3ab + 2a^2 b^2}$

해설 전향경로 $n = 1$

$G_1 = a \cdot a \cdot a = a^3, \quad \Delta_1 = 1$

$\sum L_{n1} = ab + ab + ab = 3ab$

$\sum L_{n2} = ab \times ab + ab \times ab + ab \times ab = 3a^2 b^2$

$\sum L_{n3} = ab \times ab \times ab = a^3 b^3$

$\Delta = 1 - 3ab + 3a^2 b^2 - a^3 b^3 = (1 - ab)^3$

$\therefore$ 전달함수 $M = \dfrac{y_2}{y_1} = \dfrac{G_1 \Delta_1}{\Delta} = \dfrac{a^3}{(1 - ab)^3}$

답 ①

연산증폭기

CHAPTER

(1) 이상적인 연산증폭기의 특성

① 입력 임피던스 : $Z_i = \infty$

② 출력 임피던스 : $Z_o = 0$

③ 전압이득 : $A = \infty$

④ 주파수 대역폭 : $BW = \infty$

⑤ 두 입력의 크기가 같을 때($V_1 = V_2$) : 출력전압 $V_o = 0$

(2) 연산증폭기의 종류

① 가산기

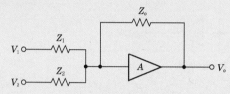

$$V_o = -Z_o i = -Z_o\left(\frac{V_1}{Z_1} + \frac{V_2}{Z_2}\right)$$

(여기서, i : 입력전류)

② 미분기

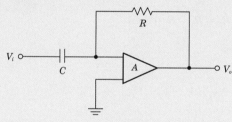

$$V_o = -Ri = -RC\frac{dV_i}{dt}$$

③ 적분기

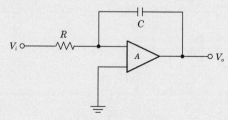

$$V_o = -\frac{1}{C}\int i\,dt = -\frac{1}{RC}\int V_i\,dt$$

기·출·개·념 **문제**

1. 연산증폭기의 성질에 관한 설명 중 옳지 않은 것은? 97 기사

① 전압이득이 매우 크다.　　② 입력 임피던스가 매우 작다.

③ 전력이득이 매우 크다.　　④ 입력 임피던스가 매우 크다.

(해설) 연산증폭기의 입력 임피던스 $Z_i = \infty$ 이다. **답** ②

2. 그림과 같이 연산증폭기에서 출력전압 V_o를 나타낸 것은? (단, V_1, V_2, V_3는 입력신호이고, A는 연산증폭기의 이득이다.) 03·00·89 기사

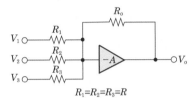

$R_1 = R_2 = R_3 = R$

①　$V_o = \dfrac{R_o}{3R}(V_1 + V_2 + V_3)$ 　　　　② $V_o = \dfrac{R}{R_o}(V_1 + V_2 + V_3)$

③　$V_o = \dfrac{R_o}{R}(V_1 + V_2 + V_3)$ 　　　　④ $V_o = -\dfrac{R_o}{R}(V_1 + V_2 + V_3)$

(해설) $V_o = -R_o i$

입력전류 $i = \dfrac{V_1}{R_1} + \dfrac{V_2}{R_2} + \dfrac{V_3}{R_3}$ $(R_1 = R_2 = R_3 = R$ 이므로)

$\qquad = \dfrac{1}{R}(V_1 + V_2 + V_3)$

$\therefore \ V_o = -R_o \cdot \dfrac{1}{R}(V_1 + V_2 + V_3) = -\dfrac{R_o}{R}(V_1 + V_2 + V_3)$ **답** ④

3. 이득이 10^7인 연산증폭기 회로에서 출력전압 V_o를 나타내는 식은? (단, V_i는 입력신호이다.) 15·92·87 기사

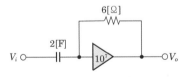

①　$V_o = -12\dfrac{dV_i}{dt}$ 　　　　　② $V_o = -8\dfrac{dV_i}{dt}$

③　$V_o = -0.5\dfrac{dV_i}{dt}$ 　　　　　④ $V_o = -\dfrac{1}{8}\dfrac{dV_i}{dt}$

(해설) 출력전압 $V_o = -RC\dfrac{dV_i}{dt} = -6 \times 2\dfrac{dV_i}{dt} = -12\dfrac{dV_i}{dt}$ **답** ①

01 다음 블록선도의 전달함수는?

[15년 3회 기사]

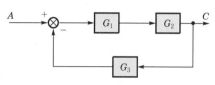

① $\dfrac{G_1 G_2}{1 - G_1 G_2 G_3}$

② $\dfrac{G_1 G_2}{1 + G_1 G_2 G_3}$

③ $\dfrac{G_1}{1 - G_1 G_2 G_3}$

④ $\dfrac{G_2}{1 + G_1 G_2 G_3}$

해설 $(A - C G_3) G_1 G_2 = C$

$A G_1 G_2 = C(1 + G_1 G_2 G_3)$

$\therefore$ 전달함수 $G(s) = \dfrac{C}{A} = \dfrac{G_1 G_2}{1 + G_1 G_2 G_3}$

02 그림과 같은 블록선도에서 $\dfrac{C(s)}{R(s)}$의 값은?

[18년 1회 기사]

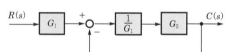

① $\dfrac{G_1}{G_1 - G_2}$

② $\dfrac{G_2}{G_1 - G_2}$

③ $\dfrac{G_2}{G_1 + G_2}$

④ $\dfrac{G_1 G_2}{G_1 + G_2}$

해설 $\{R(s) G_1 - C(s)\} \dfrac{1}{G_1} \cdot G_2 = C(s)$

$R(s) G_2 - C(s) \dfrac{G_2}{G_1} = C(s)$

$R(s) G_2 = \left(1 + \dfrac{G_2}{G_1}\right) C(s)$

$\dfrac{C(s)}{R(s)} = \dfrac{G_1 G_2}{G_1 + G_2}$

🔍 기출 핵심 NOTE

01 [별해]

전달함수

$G(s) = \dfrac{\sum 전향경로이득}{1 - \sum 루프이득}$

• 전향경로이득

입력에서 출력으로 진행하는 전
달요소의 곱

$G_1 G_2$

• 루프이득

폐루프 내의 전달요소의 곱

$- G_1 G_2 G_3$

$\therefore$ 전달함수

$G(s) = \dfrac{G_1 G_2}{1 - (- G_1 G_2 G_3)}$

$= \dfrac{G_1 G_2}{1 + G_1 G_2 G_3}$

02 [별해]

• 전향경로이득

$G_1 \dfrac{1}{G_1} G_2 = G_2$

• 루프이득

$- \dfrac{G_2}{G_1}$

• 전달함수

$G(s) = \dfrac{G_2}{1 - \left(- \dfrac{G_2}{G_1}\right)}$

$= \dfrac{G_1 G_2}{G_1 + G_2}$

정답 01. ② 02. ④

03 다음 그림과 같은 블록선도에서 전달함수 $\dfrac{C(s)}{R(s)}$ 를 구하면?

[18년 3회 기사]

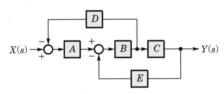

① $\dfrac{1}{8}$ 　　　　　② $\dfrac{5}{28}$

③ $\dfrac{28}{5}$ 　　　　　④ 8

해설 $\{R(s)2 + R(s)5 - C(s)\}4 = C(s)$

$R(s)(8+20) = 5C(s)$

$\therefore \dfrac{C(s)}{R(s)} = \dfrac{28}{5}$

04 다음 블록선도의 전달함수는?

[17년 3회 기사]

① $\dfrac{Y(s)}{X(s)} = \dfrac{ABC}{1+BCD+ABE}$

② $\dfrac{Y(s)}{X(s)} = \dfrac{ABC}{1+BCD+ABD}$

③ $\dfrac{Y(s)}{X(s)} = \dfrac{ABC}{1+BCE+ABD}$

④ $\dfrac{Y(s)}{X(s)} = \dfrac{ABC}{1+BCE+ABE}$

해설 블록선도로 해석하면 C 앞의 인출점을 C 뒤로 이동하여 해석해야 하므로 신호흐름선도의 이득공식인 메이슨의 정리로 구할 수 있다.

$G(s) = \dfrac{\displaystyle\sum_{k=1}^{n} G_k \Delta_k}{\Delta}$

$G_1 = ABC$

$\Delta_1 = 1$

$\Delta = 1 - (-ABD - BCE)$

$\therefore G(s) = \dfrac{G_1 \Delta_1}{\Delta} = \dfrac{ABC}{1+BCE+ABD}$

📖 **기출 핵심 NOTE**

03 [별해]
- 전향경로이득
 $2\times4=8$, $5\times4=20$
- 루프이득
 -4
- 전달함수

$G(s) = \dfrac{\sum 전향경로이득}{1-\sum 루프이득}$

$= \dfrac{8+20}{1-(-4)} = \dfrac{28}{5}$

04 [별해]
- 전향경로이득
 ABC
- 루프이득
 $-ABD$, $-BCE$
- 전달함수

$G(s) = \dfrac{\sum 전향경로이득}{1-\sum 루프이득}$

$= \dfrac{ABC}{1-(-ABD-BCE)}$

$= \dfrac{ABC}{1+BCE+ABD}$

정답 03. ③ 04. ③

05 다음의 회로를 블록선도로 그린 것 중 옳은 것은?

[18년 3회 기사]

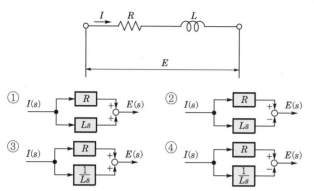

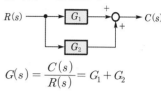

해설 출력 $E = RI + L\dfrac{dI}{dt}$

라플라스 변환하면 $E(s) = RI(s) + Ls\,I(s)$
블록선도로 나타내면 다음과 같다.

06 다음 블록선도의 전체 전달함수가 1이 되기 위한 조건은?

[17년 2회 기사]

① $G = \dfrac{1}{1 - H_1 - H_2}$

② $G = \dfrac{1}{1 + H_1 + H_2}$

③ $G = \dfrac{-1}{1 - H_1 - H_2}$

④ $G = \dfrac{-1}{1 + H_1 + H_2}$

해설 $(R - CH_1 - CH_2)G = C$

$RG = C(1 + H_1 G + H_2 G)$

전체 전달함수 $\dfrac{C}{R} = \dfrac{G}{1 + H_1 G + H_2 G}$

$\therefore 1 = \dfrac{G}{1 + H_1 G + H_2 G}$

$G = 1 + H_1 G + H_2 G$

$G(1 - H_1 - H_2) = 1$

$G = \dfrac{1}{1 - H_1 - H_2}$

정답 05. ① 06. ①

07 다음의 블록선도에서 특성방정식의 근은? [19년 2회 기사]

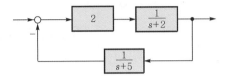

① $-2, \ -5$ ② $2, \ 5$

③ $-3, \ -4$ ④ $3, \ 4$

해설 특성방정식 $1+G(s)H(s)=0$

$1+\dfrac{2}{s+2}\cdot\dfrac{1}{s+5}=0, \quad s^2+7s+12=0, \quad (s+3)(s+4)=0$

$\therefore \ s=-3, \ -4$

08 다음의 전달함수 중에서 극점이 $-1\pm j2$, 영점이 -2인 것은? [16년 3회 기사]

① $\dfrac{s+2}{(s+1)^2+4}$ ② $\dfrac{s-2}{(s+1)^2+4}$

③ $\dfrac{s+2}{(s-1)^2+4}$ ④ $\dfrac{s-2}{(s-1)^2+4}$

해설 • 극점 $s=-1\pm j2$

전달함수의 분모는 $\{(s+1)-j2\}\{(s+1)+j2\}=(s+1)^2+4$

• 영점 $s=-2$

전달함수의 분자는 $s+2$

$\therefore \ G(s)=\dfrac{s+2}{(s+1)^2+4}$

09 다음 단위 궤환제어계의 미분방정식은? [17년 1회 기사]

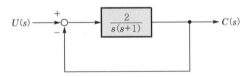

① $\dfrac{d^2c(t)}{dt^2}+\dfrac{dc(t)}{dt}+c(t)=2u(t)$

② $\dfrac{d^2c(t)}{dt^2}+\dfrac{dc(t)}{dt}+2c(t)=u(t)$

③ $\dfrac{d^2c(t)}{dt^2}+\dfrac{dc(t)}{dt}+2c(t)=5u(t)$

④ $\dfrac{d^2c(t)}{dt^2}+\dfrac{dc(t)}{dt}+2c(t)=2u(t)$

기출 핵심 NOTE

07 특성방정식

종합전달함수의 분모가 0이 되는 방정식

$1+G(s)H(s)=0$의 방정식

08 • 영점

종합전달함수의 분자=0의 근

• 극점

종합전달함수의 분모=0의 근

09 실미분정리

• $\int\left[\dfrac{d}{dt}f(t)\right]=sF(s)$

• $\int\left[\dfrac{d^2}{dt^2}f(t)\right]=s^2F(s)$

정답 07. ③ 08. ① 09. ④

해설

전달함수 $G(s) = \dfrac{C(s)}{U(s)} = \dfrac{\dfrac{2}{s(s+1)}}{1 + \dfrac{2}{s(s+1)}} = \dfrac{2}{s^2 + s + 2}$

$\therefore (s^2 + s + 2)C(s) = 2U(s)$

미분방정식으로 표시하면 다음과 같다.

$\dfrac{d^2 c(t)}{dt^2} + \dfrac{dc(t)}{dt} + 2c(t) = 2u(t)$

10 다음 신호흐름선도의 일반식은? [19년 2회 기사]

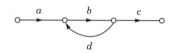

① $G = \dfrac{1 - bd}{abc}$ ② $G = \dfrac{1 + bd}{abc}$

③ $G = \dfrac{abc}{1 + bd}$ ④ $G = \dfrac{abc}{1 - bd}$

해설 전향경로 $n = 1$

$G_1 = abc,\ \Delta_1 = 1$

$\Delta = 1 - bd$

전달함수 $M = \dfrac{G_1 \Delta_1}{\Delta} = \dfrac{abc}{1 - bd}$

10 · 전향경로

· 루프

11 다음의 신호흐름선도에서 $\dfrac{C}{R}$ 는? [19년 1회 기사]

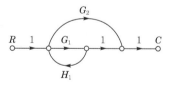

① $\dfrac{G_1 + G_2}{1 - G_1 H_1}$ ② $\dfrac{G_1 G_2}{1 - G_1 H_1}$

③ $\dfrac{G_1 + G_2}{1 + G_1 H_1}$ ④ $\dfrac{G_1 G_2}{1 + G_1 H_1}$

해설 전향경로 $n = 2$

$G_1 = G_1,\ \Delta_1 = 1$

$G_2 = G_2,\ \Delta_2 = 1$

$L_{11} = G_1 H_1$

$\Delta = 1 - L_{11} = 1 - G_1 H_1$

$\therefore$ 전달함수 $M = \dfrac{C}{R} = \dfrac{G_1 \Delta_1 + G_2 \Delta_2}{\Delta} = \dfrac{G_1 + G_2}{1 - G_1 H_1}$

11 · 전향경로 1

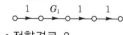

· 전향경로 2

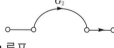

· 루프

G_1
H_1

정답 10. ④   11. ①

12 그림과 같은 신호흐름선도에서 $\dfrac{C(s)}{R(s)}$의 값은?

[16년 1회 기사]

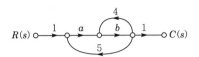

① $\dfrac{ab}{1-4b-5ab}$ ② $\dfrac{ab}{1+4b-5ab}$

③ $\dfrac{ab}{1-4b+5ab}$ ④ $\dfrac{ab}{1+4b+5ab}$

해설 전향경로 $n=1$

$G_1 = 1 \cdot a \cdot b \cdot 1 = ab$

$\Delta_1 = 1$

$\Delta = 1 - (L_{11} + L_{21}) = 1 - (4b + 5ab) = 1 - 4b - 5ab$

∴ 전달함수 $M = \dfrac{C(s)}{R(s)} = \dfrac{G_1 \Delta_1}{\Delta} = \dfrac{ab}{1 - 4b - 5ab}$

12 • 전향경로

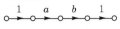

• 루프 1

• 루프 2

13 신호흐름선도의 전달함수 $T(s) = \dfrac{C(s)}{R(s)}$로 옳은 것은?

[19년 3회 기사]

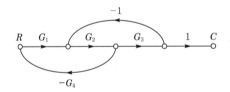

① $\dfrac{G_1 G_2 G_3}{1 - G_2 G_3 + G_1 G_2 G_4}$

② $\dfrac{G_1 G_2 G_3}{1 + G_1 G_2 G_4 + G_2 G_3}$

③ $\dfrac{G_1 G_2 G_3}{1 + G_1 G_3 - G_1 G_2 G_4}$

④ $\dfrac{G_1 G_2 G_3}{1 - G_1 G_3 - G_1 G_2 G_4}$

해설 전향경로 $n=1$

$G_1 = G_1 G_2 G_3$, $\Delta_1 = 1$

$\Delta = 1 - (-G_1 G_2 G_4 - G_2 G_3) = 1 + G_1 G_2 G_4 + G_2 G_3$

∴ 전달함수 $T(s) = \dfrac{C(s)}{R(s)} = \dfrac{G_1 \Delta_1}{\Delta} = \dfrac{G_1 G_2 G_3}{1 + G_1 G_2 G_4 + G_2 G_3}$

13 • 전향경로

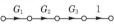

• 루프 1

• 루프 2

○ **정답** 12. ①   13. ②

14 그림과 같은 신호흐름선도에서 $\dfrac{C(s)}{R(s)}$ 의 값은?

[15년 3회 기사]

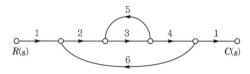

① $-\dfrac{24}{159}$ ② $-\dfrac{12}{79}$

③ $\dfrac{24}{65}$ ④ $\dfrac{24}{159}$

해설 메이슨의 식

$$G(s) = \frac{\sum_{k=1}^{n} G_k \Delta_k}{\Delta} \text{ 에서}$$

전향경로 $n=1$

$G_1 = 1 \times 2 \times 3 \times 4 \times 1 = 24$

$\Delta_1 = 1$

$L_{11} = 3 \times 5 = 15$

$L_{21} = 2 \times 3 \times 4 \times 6 = 144$

$\Delta = 1 - (L_{11} + L_{21}) = 1 - (15 + 144) = -158$

$\therefore$ 전달함수 $M(s) = \dfrac{G_1 \Delta_1}{\Delta} = -\dfrac{24}{158} = -\dfrac{12}{79}$

15 신호흐름선도에서 전달함수 $\dfrac{C}{R}$ 를 구하면?

[18년 1회 기사]

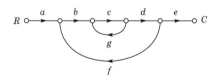

① $\dfrac{abcdg}{1-abcde}$ ② $\dfrac{abcde}{1-cg-bcdf}$

③ $\dfrac{abcde}{1-cg-cgf}$ ④ $\dfrac{abcde}{c+cg+cgf}$

해설 전향경로 $n=1$

$G_1 = abcde, \ \Delta_1 = 1, \ L_{11} = cg, \ L_{21} = bcdf$

$\Delta = 1 - (L_{11} + L_{21}) = 1 - cg - bcdf$

$\therefore$ 전달함수 $M = \dfrac{C}{R} = \dfrac{G_1 \Delta_1}{\Delta} = \dfrac{abcde}{1-cg-bcdf}$

---

14 • 전향경로

• 루프 1

• 루프 2

15 • 전향경로

• 루프 1

• 루프 2

정답 14. ② 15. ②

16 다음 그림의 신호흐름선도에서 $\dfrac{C}{R}$를 구하면?

[15년 2회 기사]

① $\dfrac{ab+c}{1-(ad+be)-cde}$

② $\dfrac{ab+c}{1+(ad+be)-cde}$

③ $\dfrac{ab+c}{1-(ad+be)}$

④ $\dfrac{ab+c}{1+(ad+be)}$

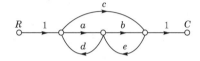

해설 전향경로 $n=2$

$G_1=ab$, $\Delta_1=1$

$G_2=c$, $\Delta_2=1$

$L_{11}=ad$, $L_{21}=be$, $L_{31}=ced$

$\Delta=1-(L_{11}+L_{21}+L_{31})=1-(ad+be+ced)$

$\therefore$ 전달함수 $M=\dfrac{C}{R}=\dfrac{G_1\Delta_1+G_2\Delta_2}{\Delta}=\dfrac{ab+c}{1-(ad+be)-ced}$

17 그림과 같은 RC 회로에서 전압 $V_i(t)$를 입력으로 하고, 전압 $V_o(t)$를 출력으로 할 때, 이에 맞는 신호흐름선도는? (단, 전달함수의 초기값은 0이다.)

[15년 1회 기사]

①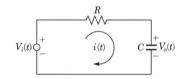

②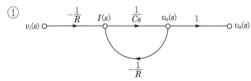

③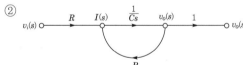

④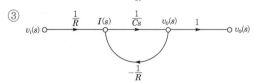

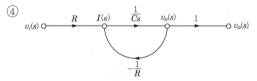

16 · 전향경로 1
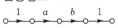
· 전향경로 2

· 루프 1

· 루프 2

· 루프 3

정답 16. ① 17. ③

해설 $i(t) = \dfrac{1}{R}[V_i(t) - V_o(t)], \quad V_o(t) = \dfrac{1}{C}\displaystyle\int i(t)dt$

라플라스 변환하면

$I(s) = \dfrac{1}{R}[v_i(s) - v_o(s)], \quad v_o(s) = \dfrac{1}{Cs}I(s)$

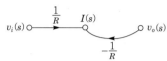

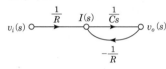

합성하면

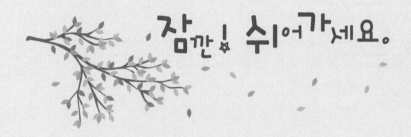

잠깐! 쉬어가세요.

"사랑의 첫 번째 의무는
상대방에게 귀를 기울이는 것이다."

- 폴 틸리히 -

출제비율

기 사

12.9%

기출개념 01 과도응답

제어계에 입력이 가해졌을 때 출력이 안정한 값으로 될 때까지의 응답으로 기준입력을 통하여 구한다.

(1) 임펄스 응답

기준입력으로 단위 임펄스 함수 $r(t) = \delta(t)$의 기준입력신호에 대한 응답으로 입력 $r(t) = \delta(t)$의 라플라스 변환 $R(s) = 1$이므로

임펄스 응답 $y(t) = \mathcal{L}^{-1}[Y(s)] = \mathcal{L}^{-1}[G(s) \cdot 1]$

(2) 계단(인디셜) 응답

기준입력으로 단위 계단 함수 $r(t) = u(t)$의 기준입력신호에 대한 응답으로 입력 $r(t) = u(t)$의 라플라스 변환 $R(s) = \dfrac{1}{s}$이므로

계단(인디셜) 응답 $y(t) = \mathcal{L}^{-1}[Y(s)] = \mathcal{L}^{-1}\left[G(s) \cdot \dfrac{1}{s}\right]$

(3) 경사(램프) 응답

기준입력으로 단위 램프 함수 $r(t) = t$의 기준입력신호에 대한 응답으로 입력 $r(t) = t$의 라플라스 변환 $R(s) = \dfrac{1}{s^2}$이므로

경사(램프) 응답 $y(t) = \mathcal{L}^{-1}[Y(s)] = \mathcal{L}^{-1}\left[G(s) \cdot \dfrac{1}{s^2}\right]$

기·출·개·념 문제

1. 단위 계단 입력신호에 대한 과도 응답을 무엇이라 하는가?　　　　14·96 기사

① 임펄스 응답　　　　　　　　　② 인디셜 응답
③ 노멀 응답　　　　　　　　　　④ 램프 응답

(해설) **인디셜 응답**
　　입력에 단위 계단 함수를 가했을 때의 응답　　　　　　　　　**답** ②

2. 전달함수 $G(s) = \dfrac{1}{(s+a)^2}$ 인 계통의 임펄스 응답 $c(t)$는?　　12·80 기사

① e^{-at}　　　　　　　　　　　② te^{-at}
③ $1 - e^{-at}$　　　　　　　　　④ $\dfrac{1}{2}t^2$

(해설) 임펄스 응답 $c(t) = \mathcal{L}^{-1}[G(s) \cdot 1] = \mathcal{L}^{-1}\left[\dfrac{1}{(s+a)^2}\right] = te^{-at}$　　**답** ②

자동제어계의 시간응답특성

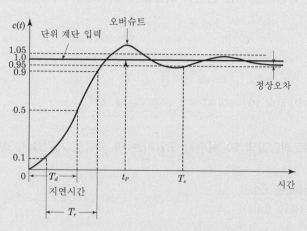

❚ 대표적인 계단 응답의 과도응답특성 ❚

(1) 오버슈트(overshoot)

응답 중에 생기는 **입력과 출력 사이의 최대 편차량**을 말한다. 이 양은 자동제어계의 안정성의 척도가 되는 양이다.

① 백분율 오버슈트 $=\dfrac{\text{최대 오버슈트}}{\text{최종 목표값}} \times 100[\%]$

② 최대 오버슈트 발생시간

$\omega_n \sqrt{1-\delta^2}\,t = n\pi$ 에서 최대 오버슈트는 $n=1$에서 발생하므로 $t_p = \dfrac{\pi}{\omega_n \sqrt{1-\delta^2}}$

(2) 지연시간(delay time)

지연시간 T_d는 **응답이 최초로 목표값의 50[%]가 되는 데 요하는 시간**이다.

(3) 감쇠비(decay ratio)

감쇠비는 **과도응답의 소멸되는 속도를 나타내는 양**으로서 최대 오버슈트와 다음 주기에 오는 오버슈트와의 비이다.

$$\text{감쇠비} = \dfrac{\text{제2오버슈트}}{\text{최대 오버슈트}}$$

(4) 상승시간(rise time)

응답이 처음으로 목표값에 도달하는 데 요하는 시간 T_r로 정의한다.

일반적으로 **응답이 목표값의 10[%]부터 90[%]까지 도달하는 데 요하는 시간**이다.

(5) 정정시간(settling time)

정정시간 T_s는 **응답이 요구되는 오차 이내로 정착되는 데 요하는 시간**이다.

일반적으로 **응답이 목표값의 ±5[%] 이내에 도달하는 데 요하는 시간**이다.

기·출·개·념 **문제**

1. 과도응답에서 상승시간 t_r은 응답이 최종값의 몇 [%]까지의 시간으로 정의되는가?

95·93 기사

① $1 \sim 100$ ② $10 \sim 90$
③ $20 \sim 80$ ④ $30 \sim 70$

해설 **상승시간**
  응답이 희망값의 $10 \sim 90$[%]까지 도달하는 데 요하는 시간

답 ②

2. 응답이 최초로 희망값의 50[%]까지 도달하는 데 요하는 시간을 무엇이라고 하는가?

95·93·86 기사

① 상승시간(rising time)
② 지연시간(delay time)
③ 응답시간(response time)
④ 정정시간(settling time)

해설 **지연시간**
  응답이 희망값의 50[%]에 도달하는 데 요하는 시간

답 ②

3. 어떤 제어계의 단위 계단 입력에 대한 출력응답 $c(t)$가 다음과 같이 주어진다. 지연시간 T_d[s]는?

80 기사

$$c(t) = 1 - e^{-2t}$$

① 0.346   ② 0.446
③ 0.693   ④ 0.793

해설 지연시간 T_d는 최종값의 50[%]에 도달하는 데 요하는 시간

$0.5 = 1 - e^{-2T_d}, \; \dfrac{1}{2} = e^{-2T_s}$

$\ln 1 - \ln 2 = 2T_d$

$\therefore$ 지연시간 $T_d = \dfrac{\ln 2}{2} = \dfrac{0.693}{2} = 0.346$

답 ①

4. 과도응답이 소멸되는 정도를 나타내는 감쇠비(decay ratio)는?

09·04·00·99 기사

① $\dfrac{최대\ 오버슈트}{제2오버슈트}$ ② $\dfrac{제3오버슈트}{제2오버슈트}$

③ $\dfrac{제2오버슈트}{최대\ 오버슈트}$ ④ $\dfrac{제2오버슈트}{제3오버슈트}$

해설 감쇠비는 과도응답이 소멸되는 속도를 나타내는 양으로 최대 오버슈트와 다음 주기에 오는 오버슈트의 비이다.

답 ③

특성방정식의 근의 위치와 응답곡선

s평면상의 근 위치	응답곡선
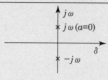 **▎실수축상에 존재▎**	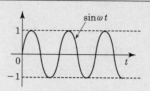
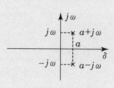 **▎허수축상에 존재▎**	
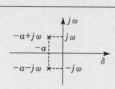 **▎우반부에 존재▎**	진동이 점점 증가되므로 불안정하다.
▎좌반부에 존재▎	진동이 점점 적어지므로 안정하다.

따라서, 특성방정식의 근(극점)의 위치에 따른 안정특성은 다음과 같다.
① 특성방정식의 근(극점)이 좌반부에 존재 : 안정
② 특성방정식의 근(극점)이 우반부에 존재 : 불안정
③ 특성방정식의 근(극점)이 허수축상에 존재 : 임계안정

기·출·개·념 문제

어떤 자동제어계통의 극점이 s평면에 그림과 같이 주어지는 경우, 이 시스템의 시간영역에서 동작상태는?

97·92·81 기사

① 진동하지 않는다. ② 감폭 진동한다.
③ 점점 더 크게 진동한다. ④ 지속 진동한다.

(해설) 특성방정식의 근이 s평면의 우반부에 있으면 응답곡선은 진폭이 점점 크게 진동한다.

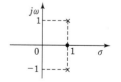

$$F(s) = \frac{1}{\{(s-1)+j\}\{(s-1)-j\}} = \frac{1}{(s-1)^2+1}$$

$$\therefore f(t) = \mathcal{L}^{-1}[F(s)] = e^t \sin t$$

답 ③

기출 개념 04 2차계의 과도응답

$$2차계의\ 전달함수\ \ G(s)=\frac{C(s)}{R(s)}=\frac{\omega_n^{\,2}}{s^2+2\delta\omega_n s+\omega_n^{\,2}}$$

(1) 특성방정식

$$s^2+2\delta\omega_n s+\omega_n^{\,2}=0$$

(2) 특성방정식의 근

$$s_1,\ s_2=-\delta\omega_n\pm j\omega_n\sqrt{1-\delta^2}=-\sigma\pm j\omega$$

① δ : 제동비 또는 감쇠계수

② ω_n : 자연주파수 또는 고유주파수

③ $\sigma=\delta\omega_n$: 제동계수

④ $\tau=\dfrac{1}{\sigma}=\dfrac{1}{\delta\omega_n}$: 시정수

⑤ $\omega=\omega_n\sqrt{1-\delta^2}$: 실제 주파수 또는 감쇠 진동주파수

(3) 제동비(δ)에 따른 응답

① $\delta<1$인 경우(부족제동)

$$s_1,\ s_2=-\delta\omega_n\pm j\,\omega_n\sqrt{1-\delta^2}$$

공액복소수근을 가지므로 감쇠진동을 한다.

② $\delta=1$인 경우(임계제동)

$$s_1,\ s_2=-\omega_n$$

중근(실근)을 가지므로 진동에서 비진동으로 옮겨가는 임계상태이다.

③ $\delta>1$인 경우(과제동)

$$s_1,\ s_2=-\delta\omega_n\pm\omega_n\sqrt{\delta^2-1}$$

서로 다른 2개의 실근을 가지므로 비진동이다.

④ $\delta=0$인 경우(무제동)

$$s_1,\ s_2=\pm j\,\omega_n$$

순공액 허근을 가지므로 일정한 진폭으로 무한히 진동한다.

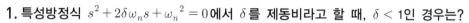

1. 특성방정식 $s^2 + 2\delta\omega_n s + \omega_n^2 = 0$에서 δ를 제동비라고 할 때, $\delta < 1$인 경우는?

91·89 기사

① 임계진동
② 강제진동
③ 감쇠진동
④ 완전진동

(해설) $\delta < 1$인 부족제동은 감쇠진동한다.

답 ③

2. 2차계 과도응답의 특성방정식이 $s^2 + 2\delta\omega_n s + \omega_n^2 = 0$인 경우, s가 서로 다른 2개의 실근을 가졌을 때의 제동은?

09 기사

① 과제동
② 부족제동
③ 임계제동
④ 무제동

(해설) 서로 다른 2개의 실근을 가지므로 과제동 비진동한다.

답 ①

3. 전달함수 $G(j\omega) = \dfrac{1}{1 + j6\omega + 9(j\omega)^2}$인 요소의 인디셜 응답은?

09·93 기사

① 진동
② 비진동
③ 임계진동
④ 지수함수적으로 증가

(해설) $G(s) = \dfrac{\omega_n^2}{s^2 + 2\delta\omega_n s + \omega_n^2} = \dfrac{1}{9s^2 + 6s + 1} = \dfrac{\dfrac{1}{9}}{s^2 + \dfrac{2}{3}s + \dfrac{1}{9}} = \dfrac{\left(\dfrac{1}{3}\right)^2}{s^2 + \dfrac{2}{3}s + \left(\dfrac{1}{3}\right)^2}$

$\omega_n = \dfrac{1}{3}$, $2\delta\omega_n = \dfrac{2}{3}$

$\therefore \delta = 1$이므로 임계진동한다.

답 ③

4. 단위부궤환 계통에서 $G(s)$가 다음과 같을 때, $K = 2$이면 무슨 제동인가?

15·83 기사

$$G(s) = \dfrac{K}{s(s+2)}$$

① 무제동
② 임계제동
③ 과제동
④ 부족제동

(해설) $K = 2$일 때, 특성방정식은 $1 + G(s) = 0$, $1 + \dfrac{K}{s(s+2)} = 0$

$s(s+2) + K = s^2 + 2s + 2 = 0$

2차계의 특성방정식 $s^2 + 2\delta\omega_n s + \omega_n^2 = 0$

$\omega_n = \sqrt{2}$, $2\delta\omega_n = 2$

$\therefore$ 제동비 $\delta = \dfrac{2}{2\sqrt{2}} = \dfrac{1}{\sqrt{2}} = 0.707$

$\therefore$ $0 < \delta < 1$인 경우이므로 부족제동 감쇠진동한다.

답 ④

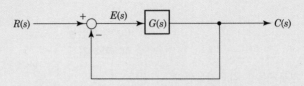

기출개념 05 정상편차

|단위 피드백제어계|

편차 $E(s)$＝기준입력 $R(s)$－출력 $C(s)$

$$E(s) = R(s) - C(s) = R(s) - \frac{G(s)}{1 + G(s)} R(s) = \frac{1}{1 + G(s)} R(s)$$

정상편차는 정상상태에서의 입력과 출력의 차로 라플라스 변환의 최종값 정리에 의해 구할 수 있다.

$$e_{ss} = \lim_{t \to \infty} e(t) = \lim_{s \to 0} sE(s) = \lim_{s \to 0} s \left[\frac{R(s)}{1 + G(s)} \right]$$

(1) 정상위치편차(e_{ssp})

단위 피드백제어계에 **단위 계단 입력이 가하여질 경우의 정상편차**, $R(s) = \dfrac{1}{s}$

$$e_{ssp} = \lim_{s \to 0} \frac{s \cdot \dfrac{1}{s}}{1 + G(s)} = \frac{1}{1 + \lim\limits_{s \to 0} G(s)} = \frac{1}{1 + K_p}$$

여기서, $K_p = \lim\limits_{s \to 0} G(s)$, K_p : 위치편차상수

(2) 정상속도편차(e_{ssv})

단위 피드백제어계에 **단위 램프 입력이 가하여질 경우의 정상편차**, $R(s) = \dfrac{1}{s^2}$

$$e_{ssv} = \lim_{s \to 0} \frac{s \cdot \dfrac{1}{s^2}}{1 + G(s)} = \lim_{s \to 0} \frac{1}{s + sG(s)} = \frac{1}{\lim\limits_{s \to 0} sG(s)} = \frac{1}{K_v}$$

여기서, $K_v = \lim\limits_{s \to 0} sG(s)$, K_v : 속도편차상수

(3) 정상가속도편차(e_{ssa})

단위 피드백제어계에 **단위 포물선 입력이 가하여질 경우의 정상편차**, $R(s) = \dfrac{1}{s^3}$

$$e_{ssa} = \lim_{s \to 0} \frac{s \cdot \dfrac{1}{s^3}}{1 + G(s)} = \lim_{s \to 0} \frac{1}{s^2 + s^2 G(s)} = \frac{1}{\lim\limits_{s \to 0} s^2 G(s)} = \frac{1}{K_a}$$

여기서, $K_a = \lim\limits_{s \to 0} s^2 G(s)$, K_a : 가속도편차상수

1. 제어시스템의 정상상태오차에서 포물선함수 입력에 의한 정상상태오차상수 $K_a = \lim\limits_{s \to 0} s^2\, G(s)H(s)$ 로 표현된다. 이때 K_a를 무엇이라고 부르는가?　　　　　　　　　　　01 기사

① 위치오차상수
② 속도오차상수
③ 가속도오차상수
④ 평균오차상수

(해설) • 위치편차상수 : $K_p = \lim\limits_{s \to 0} G(s)H(s)$

　　• 속도편차상수 : $K_v = \lim\limits_{s \to 0} s\, G(s)H(s)$

　　• 가속도편차상수 : $K_a = \lim\limits_{s \to 0} s^2 G(s)H(s)$

　　• 단위궤환제어계에서는 $H(s) = 1$ 이다.　　　　　　　　　**답** ③

2. 단위 피드백제어계에서 개루프 전달함수 $G(s)$가 다음과 같이 주어지는 계의 단위 계단 입력에 대한 정상편차는?　　　　　　　　　　82·81 기사

$$G(s) = \frac{10}{(s+1)(s+2)}$$

① $\dfrac{1}{3}$　　　　　　　　　　　　② $\dfrac{1}{4}$

③ $\dfrac{1}{5}$　　　　　　　　　　　　④ $\dfrac{1}{6}$

(해설) $K_p = \lim\limits_{s \to 0} G(s) = \lim\limits_{s \to 0} \dfrac{10}{(s+1)(s+2)} = 5$

　　$\therefore$ 정상위치편차 $e_{ssp} = \dfrac{1}{1+K_p} = \dfrac{1}{1+5} = \dfrac{1}{6}$　　　**답** ④

3. 개루프 전달함수 $G(s)$가 다음과 같이 주어지는 단위 피드백계에서 단위 속도 입력에 대한 정상편차는?　　　　　　　　　　13·10·95 기사

$$G(s) = \frac{10}{s(s+1)(s+2)}$$

① 0.5　　　　　　　　　　　　② 0.33
③ 0.25　　　　　　　　　　　　④ 0.2

(해설) $K_v = \lim\limits_{s \to 0} s\, G(s) = \lim\limits_{s \to 0} s \cdot \dfrac{10}{s(s+1)(s+2)} = 5$

　　$\therefore$ 정상속도편차 $e_{ssv} = \dfrac{1}{K_v} = \dfrac{1}{5} = 0.2$　　　　**답** ④

기출개념 06 제어계의 형 분류 및 형 분류에 의한 정상편차와 편차상수

1 자동제어계의 형 분류

개루프(loop) 전달함수 $G(s)H(s)$의 원점에서의 극점의 수로 분류한다.

$$G(s)H(s) = \frac{K(s+Z_1)(s+Z_2)\cdots(s+Z_n)}{s^n(s+P_1)(s+P_2)\cdots(s+P_n)} = \frac{K}{s^n}$$

① $n = 0$일 때 0형 제어계 : $G(s)H(s) = K$

② $n = 1$일 때 1형 제어계 : $G(s)H(s) = \dfrac{K}{s}$

③ $n = 2$일 때 2형 제어계 : $G(s)H(s) = \dfrac{K}{s^2}$

2 제어계 형 분류에 의한 정상편차 및 편차상수

1형 제어계의 정상편차와 편차상수(단위 피드백제어계 $H(s) = 1$)

(1) 편차상수

① 위치편차상수 : $K_p = \lim\limits_{s \to 0} G(s) = \lim\limits_{s \to 0} \dfrac{K}{s} = \infty$

② 속도편차상수 : $K_v = \lim\limits_{s \to 0} s\,G(s) = \lim\limits_{s \to 0} s \cdot \dfrac{K}{s} = K$

③ 가속도편차상수 : $K_a = \lim\limits_{s \to 0} s^2 G(s) = \lim\limits_{s \to 0} s^2 \cdot \dfrac{K}{s} = 0$

(2) 정상편차

① 정상위치편차 : $e_{ssp} = \dfrac{R}{1+\infty} = 0$

② 정상속도편차 : $e_{ssv} = \dfrac{R}{K}$

③ 정상가속도편차 : $e_{ssa} = \dfrac{R}{0} = \infty$

❙제어계의 형에 따른 정상편차와 편차상수❙

제어계형	편차상수			정상편차			비 고
	K_p	K_v	K_a	위치편차	속도편차	가속도편차	
0	K	0	0	$\dfrac{R}{1+K}$	∞	∞	• 계단입력 : $\dfrac{R}{s}$
1	∞	K	0	0	$\dfrac{R}{K}$	∞	• 속도입력 : $\dfrac{R}{s^2}$
2	∞	∞	K	0	0	$\dfrac{R}{K}$	• 가속도입력 : $\dfrac{R}{s^3}$
3	∞	∞	∞	0	0	0	

1. $G(s)H(s) = \dfrac{K}{Ts+1}$ 일 때, 이 계통은 어떤 형인가?

① 0형   ② 1형
③ 2형   ④ 3형

(해설) **계의 형**
　개루프 전달함수의 원점에서의 극점의 수이므로 원점에 극점이 존재하지 않는다.
　∴ 0형 제어계
(답) ①

2. 그림과 같은 블록선도로 표시되는 제어계는 무슨 형인가?

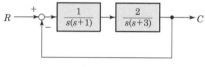

① 0형   ② 1형
③ 2형   ④ 3형

(해설) $G(s)H(s) = \dfrac{2}{s^2(s+1)(s+3)}$
　원점에서의 극점의 수이므로 2형 제어계이다.
(답) ③

3. 단위 램프 입력에 대하여 속도편차상수가 유한값을 갖는 제어계의 형은?

① 0형
② 1형
③ 2형
④ 3형

(해설) • 위치편차상수는 0형 제어계에서 유한값
　　• 속도편차상수는 1형 제어계에서 유한값
　　• 가속도편차상수는 2형 제어계에서 유한값
(답) ②

4. 어떤 제어계에서 단위 계단 입력에 대한 정상편차가 유한값이다. 이 계는 무슨 형인가?

① 0형
② 1형
③ 2형
④ 3형

(해설) 단위 계단 입력이므로 정상위치편차이다. 정상위치편차는 0형 제어계에서 유한값을 갖는다.
(답) ①

기출개념 07 감도

감도는 제어계를 구성하는 한 요소의 특성 변화가 제어계 전체의 특성 변화에 미치는 영향을 나타낸다. 주어진 요소 K의 특성에 대하여 계통의 폐루프 전달함수 T의 미분감도는 다음과 같다.

$$S_K^T = \frac{K}{T}\frac{dT}{dK}$$

여기서, $T = \dfrac{C(s)}{R(s)}$

위의 식에서 K에 대한 T의 미분감도가 T에 변화를 일으켜주는 K에서의 백분율 변화로서 나누어 준 T에서의 백분율 변화이다.

기·출·개·념 문제

1. 그림의 블록선도에서 폐루프 전달함수 $T = \dfrac{C}{R}$에서 H에 대한 감도 S_H^T는? 〔11·87 기사〕

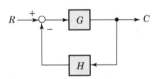

① $\dfrac{-GH}{1+GH}$　　　　　　② $\dfrac{-H}{(1+GH)^2}$

③ $\dfrac{H}{1+GH}$　　　　　　④ $\dfrac{-H}{1+GH}$

〔해설〕 감도 $S_H^T = \dfrac{H}{T}\cdot\dfrac{dT}{dH} = \dfrac{H}{\dfrac{G}{1+GH}}\cdot\dfrac{d}{dH}\left(\dfrac{G}{1+GH}\right) = -\dfrac{GH}{1+GH}$　　　**답** ①

2. 그림과 같은 블록선도의 제어계에서 K_1에 대한 $T = \dfrac{C}{R}$의 감도 $S_{K_1}^T$는? 〔04 기사〕

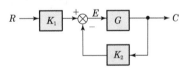

① 0.2　　　　　　　　② 0.4
③ 0.8　　　　　　　　④ 1

〔해설〕 감도 $S_{K_1}^T = \dfrac{K_1}{T}\cdot\dfrac{dT}{dK_1} = \dfrac{1+GK_2}{G}\cdot\dfrac{d}{dK_1}\left(\dfrac{GK_1}{1+GK_2}\right) = 1$　　　**답** ④

이런 문제가 시험에 나온다!

단원 최근 빈출문제

01 제어시스템에서 출력이 얼마나 목표값을 잘 추종하는지를 알아볼 때, 시험용으로 많이 사용되는 신호로 다음 식의 조건을 만족하는 것은?　[19년 3회 기사]

$$u(t-a) = \begin{cases} 0, & t < a \\ 1, & t \geq a \end{cases}$$

① 사인 함수
② 임펄스 함수
③ 램프 함수
④ 단위 계단 함수

해설 단위 계단 함수는 $f(t) = u(t) = 1$로 표현하며 $t > 0$에서 1을 계속 유지하는 함수이다. $u(t-a)$의 함수는 $u(t)$가 $t = a$만큼 평행 이동된 함수를 말한다.

02 시간영역에서 자동제어계를 해석할 때 기본 시험 입력에 보통 사용되지 않는 입력은?　[19년 1회 기사]

① 정속도 입력
② 정현파 입력
③ 단위 계단 입력
④ 정가속도 입력

해설 시간영역해석 시 시험 입력
• 계단 입력＝위치 입력
• 램프 입력＝속도 입력
• 포물선 입력＝가속도 입력
정현파 입력은 주파수영역에서 사용될 수 있는 입력이다.

03 제어계의 입력이 단위 계단 신호일 때 출력응답은?　[15년 2회 기사]

① 임펄스 응답
② 인디셜 응답
③ 노멀 응답
④ 램프 응답

해설 • 임펄스 응답 : 입력에 단위 임펄스 함수 신호를 가했을 때의 응답
• 인디셜 응답 : 입력에 단위 계단 함수 신호를 가했을 때의 응답
• 경사(램프) 응답 : 입력에 단위 램프 함수 신호를 가했을 때의 응답

기출 핵심 NOTE

01 기준시험입력
• 계단입력 : $r(t) = Ru(t)$
• 램프(속도)입력 : $r(t) = Rtu(t)$
• 포물선(가속도)입력
　: $r(t) = Rt^2 u(t)$

02 시간영역해석 시 시험 입력
• 계단 입력＝위치 입력
• 램프 입력＝속도 입력
• 포물선 입력＝가속도 입력

03 인디셜 응답(계단 응답)
기준입력으로 단위 계단 함수 $r(t) = u(t)$의 기준입력신호에 대한 응답

정답 01. ④　02. ②　03. ②

04 안정한 제어계에 임펄스 응답을 가했을 때 제어계의 정상상태출력은?

[18년 1회 기사]

① 0
② $+\infty$ 또는 $-\infty$
③ $+$의 일정한 값
④ $-$의 일정한 값

해설 임펄스 응답은 0이므로 임펄스 응답을 가했을 때의 정상상태의 출력은 0에 수렴한다.

04 임펄스 함수

= 단위충격함수
= 하중함수
= 중량함수

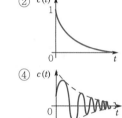

$\delta(t)$ 로 표기하며 0에 수렴하는 함수이다.

05 전달함수 $G(s) = \dfrac{1}{s+a}$ 일 때, 이 계의 임펄스 응답 $c(t)$ 를 나타내는 것은? (단, a는 상수이다.)

[18년 2회 기사]

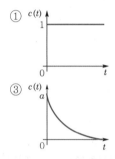

① $c(t)$, 1
② $c(t)$, 1
③ $c(t)$, a
④ $c(t)$

05 임펄스 응답인 경우 전달함수

$$G(s) = \frac{C(s)}{R(s)} = C(s)$$

• $\mathcal{L}[e^{-at}] = \dfrac{1}{s+a}$

• $\mathcal{L}^{-1}\left[\dfrac{1}{s+a}\right] = e^{-at}$

해설 입력 $r(t) = \delta(t),\ R(s) = 1$

전달함수 $G(s) = \dfrac{C(s)}{R(s)} = C(s)$

$\therefore\ c(t) = \mathcal{L}^{-1}[G(s)] = \mathcal{L}^{-1}\left[\dfrac{1}{s+a}\right] = e^{-at}$

임펄스 응답 $c(t)$는 지수 감쇠 함수이다.

06 전달함수 $G(s) = \dfrac{C(s)}{R(s)} = \dfrac{1}{(s+a)^2}$ 인 제어계의 임펄스 응답 $c(t)$는?

[16년 3회 기사]

① e^{-at}
② $1 - e^{-at}$
③ te^{-at}
④ $\dfrac{1}{2}t^2$

06 • $\mathcal{L}[te^{-at}] = \dfrac{1}{(s+a)^2}$

• $\mathcal{L}^{-1}\left[\dfrac{1}{(s+a)^2}\right] = te^{-at}$

해설 입력 라플라스 변환 $R(s) = \mathcal{L}[r(t)] = \mathcal{L}[\delta(t)] = 1$

출력 라플라스 변환 $G(s) = \dfrac{C(s)}{R(s)} = \dfrac{1}{(s+a)^2}$

$C(s) = \dfrac{1}{(s+a)^2} R(s) = \dfrac{1}{(s+a)^2} \cdot 1 = \dfrac{1}{(s+a)^2}$

$\therefore$ 임펄스 응답 $c(t) = \mathcal{L}^{-1}[C(s)] = te^{-at}$

정답 04. ① 05. ② 06. ③

07 전달함수가 $G(s) = \dfrac{Y(s)}{X(s)} = \dfrac{1}{s^2(s+1)}$ 로 주어진 시스템의 단위 임펄스 응답은?

[17년 2회 기사]

① $y(t) = 1 - t + e^{-t}$

② $y(t) = 1 + t + e^{-t}$

③ $y(t) = t - 1 + e^{-t}$

④ $y(t) = t - 1 - e^{-t}$

해설 임펄스 응답은 입력에 단위 임펄스, 즉 $\delta(t)$를 가할 때의 계의 응답이므로 입력에 따라서 $X(t) = \delta(t)$이다.

따라서 $X(s) = 1$이므로 전달함수 $G(s) = Y(s)$

$$Y(s) = G(s) = \frac{1}{s^2(s+1)} = \frac{k_{11}}{s^2} + \frac{k_{12}}{s} + \frac{k_2}{s+1}$$

$$k_{11} = \frac{1}{s+1}\bigg|_{s=0} = 1$$

$$k_{12} = \frac{d}{ds}\frac{1}{s+1}\bigg|_{s=0} = -1$$

$$k_2 = \frac{1}{s^2}\bigg|_{s=-1} = 1$$

$$\therefore\ Y(s) = \frac{1}{s^2} - \frac{1}{s} + \frac{1}{s+1}$$

역라플라스 변환하면 $y(t) = t - 1 + e^{-t}$

08 단위 계단 입력에 대한 응답특성이 $c(t) = 1 - e^{-\frac{1}{T}t}$ 로 나타나는 제어계는?

[16년 1회 기사]

① 비례제어계   ② 적분제어계

③ 1차 지연제어계   ④ 2차 지연제어계

해설 단위 계단 입력이므로 $r(t) = u(t)$, $R(s) = \dfrac{1}{s}$

응답, 즉 출력은 $c(t) = 1 - e^{-\frac{1}{T}t}$이므로 $C(s) = \dfrac{1}{s} - \dfrac{1}{s + \dfrac{1}{T}}$

전달함수 $G(s) = \dfrac{C(s)}{R(s)}$

$$= \frac{\dfrac{1}{s} - \dfrac{1}{s + \dfrac{1}{T}}}{\dfrac{1}{s}} = \frac{1}{Ts+1}$$

$\therefore$ 1차 지연제어계이다.

🔍 **기출 핵심 NOTE**

07 임펄스 응답인 경우 전달함수

$$G(s) = \frac{C(s)}{R(s)} = C(s)$$

- $\mathcal{L}[u(t)] = \dfrac{1}{s}$

- $\mathcal{L}[t] = \dfrac{1}{s^2}$

- $\mathcal{L}[e^{-t}] = \dfrac{1}{s+1}$

08 각종 제어요소의 전달함수

- 비례요소의 전달함수 : K
- 미분요소의 전달함수 : Ks
- 적분요소의 전달함수 : $\dfrac{K}{s}$
- 1차 지연요소의 전달함수

$$G(s) = \frac{K}{1 + Ts}$$

- 부동작시간 요소의 전달함수

$$G(s) = Ke^{-Ls}$$

정답 07. ③   08. ③

09 다음과 같은 시스템에 단위 계단 입력신호가 가해졌을 때 지연시간에 가장 가까운 값[s]은? [17년 1회 기사]

$$\frac{C(s)}{R(s)} = \frac{1}{s+1}$$

① 0.5
② 0.7
③ 0.9
④ 1.2

해설 단위 계단 입력신호 응답

$$C(s) = \frac{1}{s+1} \cdot R(s) = \frac{1}{s(s+1)} = \frac{1}{s} - \frac{1}{s+1}$$

$$\therefore c(t) = 1 - e^{-t}$$

지연시간 T_d는 응답이 최종값의 50[%]에 도달하는 데 요하는 시간은 다음과 같다.

$$0.5 = 1 - e^{-T_d}$$

$$\frac{1}{2} = e^{-T_d}$$

$$\ln\frac{1}{2} = -T_d$$

$$\ln 1 - \ln 2 = -T_d$$

$$\therefore \text{지연시간 } T_d = \ln 2 = 0.693[\text{s}] ≒ 0.7[\text{s}]$$

10 응답이 최종값의 10[%]에서 90[%]까지 되는 데 요하는 시간은? [15년 1회 기사]

① 상승시간(rising time)
② 지연시간(delay time)
③ 응답시간(response time)
④ 정정시간(setting time)

해설 상승시간은 응답이 처음으로 목표값에 도달하는 데 요하는 시간으로 일반적으로 목표값의 10[%]로부터 90[%]까지 도달하는 데 요하는 시간이다.

11 자동제어계의 과도응답의 설명으로 틀린 것은? [15년 2회 기사]

① 지연시간은 최종값의 50[%]에 도달하는 시간이다.
② 정정시간은 응답의 최종값의 허용범위가 ±5[%] 내에 안정되기까지 요하는 시간이다.
③ 백분율 오버슈트 = $\frac{\text{최대 오버슈트}}{\text{최종 목표값}} \times 100$
④ 상승시간은 최종값의 10[%]에서 100[%]까지 도달하는 데 요하는 시간이다.

🔍 **기출 핵심 NOTE**

09 · 인디셜 응답

입력에 단위 계단 함수를 가했을 때의 응답

입력

$$R(s) = \mathcal{L}[r(t)]$$

$$= \mathcal{L}[u(t)] = \frac{1}{s}$$

· 경사 응답

입력에 단위 램프 함수를 가했을 때의 응답

입력

$$R(s) = \mathcal{L}[r(t)]$$

$$= \mathcal{L}[tu(t)] = \frac{1}{s^2}$$

11 시간응답특성

· 상승시간(T_r)

응답이 최종 희망값의 10[%]에서 90[%]까지 도달하는 데 요하는 시간

· 지연시간(T_d)

응답이 최종 희망값의 50[%]에 도달하는 데 요하는 시간

· 정정시간(T_s)

응답이 최종 희망값의 ±5[%] 이내에 도달하는 데 요하는 시간

● **정답** 09. ② 10. ① 11. ④

해설 상승시간(T_r)은 일반적으로 응답이 목표값의 10[%]로부터 90[%]까지 도달하는 데 요하는 시간을 말한다.

12 다음 회로망에서 입력전압을 $V_1(t)$, 출력전압을 $V_2(t)$라 할 때, $\dfrac{V_2(s)}{V_1(s)}$에 대한 고유주파수 ω_n과 제동비 ζ의 값은? (단, $R=100[\Omega]$, $L=2[H]$, $C=200[\mu F]$이고, 모든 초기 전하는 0이다.) [19년 2회 기사]

① $\omega_n=50$, $\zeta=0.5$
② $\omega_n=50$, $\zeta=0.7$
③ $\omega_n=250$, $\zeta=0.5$
④ $\omega_n=250$, $\zeta=0.7$

12 2차계의 전달함수

$$G(s)=\frac{K\omega_n^2}{s^2+2\zeta\omega_n s+\omega_n^2}$$

여기서, ω_n : 고유주파수
ζ : 제동비(감쇠율)

해설

$$\frac{V_2(s)}{V_1(s)}=\frac{\frac{1}{Cs}}{R+Ls+\frac{1}{Cs}}=\frac{\left(\frac{1}{\sqrt{LC}}\right)^2}{s^2+\frac{R}{L}s+\left(\frac{1}{\sqrt{LC}}\right)^2}$$

$$=\frac{\left(\frac{1}{\sqrt{2\times200\times10^{-6}}}\right)^2}{s^2+\frac{100}{2}s+\left(\frac{1}{\sqrt{2\times200\times10^{-6}}}\right)^2}=\frac{50^2}{s^2+50s+50^2}$$

따라서, $\omega_n=50$, $2\zeta\omega_n=50$이므로 $\zeta=\dfrac{50}{2\times50}=0.5$

13 폐루프 전달함수 $\dfrac{C(s)}{R(s)}$가 다음과 같은 2차 제어계에 대한 설명 중 틀린 것은? [17년 2회 기사]

$$\frac{C(s)}{R(s)}=\frac{\omega_n^2}{s^2+2\delta\omega_n s+\omega_n^2}$$

① 최대 오버슈트는 $e^{-\pi\delta/\sqrt{1-\delta^2}}$이다.
② 이 폐루프계의 특성방정식은 $s^2+2\delta\omega_n s+\omega_n^2=0$이다.
③ 이 계는 $\delta=0.1$일 때 부족제동된 상태에 있게 된다.
④ δ값을 작게 할수록 제동은 많이 걸리게 되니 비교안정도는 향상된다.

해설 제동비 δ가 작을수록 제동은 적게 걸리게 되므로 오버슈트(overshoot)가 커지고 제어계는 불안정해진다.

13 2차계의 과도응답

$$G(s)=\frac{C(s)}{R(s)}$$
$$=\frac{\omega_n^2}{s^2+2\delta\omega_n s+\omega_n^2}$$

• 특성방정식
$s^2+2\delta\omega_n s+\omega_n^2=0$

• $\delta<1$이면
근 $s=-\delta\omega_n\pm j\omega_n\sqrt{1-\delta^2}$ 으로 공액복소수근을 가지므로 감쇠진동, 부족제동을 한다.

정답 12. ① 13. ④

14 특성방정식 $s^2 + 2\zeta\omega_n s + \omega_n^2 = 0$ 에서 감쇠진동을 하는 제동비 ζ의 값은?　　　　　　　[18년 3회 기사]

① $\zeta > 1$
② $\zeta = 1$
③ $\zeta = 0$
④ $0 < \zeta < 1$

해설 2차계의 과도응답

$$G(s) = \frac{C(s)}{R(s)} = \frac{\omega_n^2}{s^2 + 2\zeta\omega_n s + \omega_n^2}$$

- 특성방정식 : $s^2 + 2\zeta\omega_n s + \omega_n^2 = 0$
  근 $s = -\zeta\omega_n \pm j\omega_n\sqrt{1-\zeta^2}$
- $0 < \zeta < 1$이면 근 $s = -\zeta\omega_n \pm j\omega_n\sqrt{1-\zeta^2}$ 으로 공액복소수근을 가지므로 감쇠진동, 부족제동을 한다.

15 2차계의 감쇠비 δ가 $\delta > 1$이면 어떤 경우인가?
　　　　　　　[15년 2회 기사]

① 비제동　　　　　② 과제동
③ 부족제동　　　　④ 발산

해설 2차계의 과도응답

$$G(s) = \frac{C(s)}{R(s)} = \frac{\omega_n^2}{s^2 + 2\delta\omega_n s + \omega_n^2}$$

- 특성방정식 : $s^2 + 2\delta\omega_n s + \omega_n^2 = 0$
  근 $s = -\delta\omega_n \pm j\omega_n\sqrt{1-\delta^2}$
- $\delta > 1$이면 근 $s = -\delta\omega_n \pm \omega_n\sqrt{\delta^2-1}$ 으로 서로 다른 2개의 실근을 가지므로 비진동, 과제동이 된다.

16 2차계 과도응답에 대한 특성방정식의 근은 s_1, s_2 $= -\zeta\omega_n \pm j\omega_n\sqrt{1-\zeta^2}$ 이다. 감쇠비 ζ가 $0 < \zeta < 1$ 사이에 존재할 때 나타나는 현상은?　　[19년 2회 기사]

① 과제동
② 무제동
③ 부족제동
④ 임계제동

해설 감쇠비 ζ가 $0 < \zeta < 1$이면 s_1, $s_2 = -\zeta\omega_n \pm j\omega_n\sqrt{1-\zeta^2}$ 공액복소수근을 가지므로 감쇠진동, 부족제동을 한다.

14 2차계의 과도응답

$$G(s) = \frac{C(s)}{R(s)}$$

$$= \frac{\omega_n^2}{s^2 + 2\zeta\omega_n s + \omega_n^2}$$

- 특성방정식
  $s^2 + 2\zeta\omega_n s + \omega_n^2 = 0$
  근 $s = -\zeta\omega_n \pm j\omega_n\sqrt{1-\zeta^2}$
- $\zeta = 0$이면
  근 $s = \pm j\omega_n$으로 순허근이므로 무한히 진동, 무제동이 된다.
- $\zeta = 1$이면
  근 $s = -\omega_n$으로 중근이므로 진동에서 비진동으로 옮겨가는 임계진동이 된다.
- $\zeta > 1$이면
  근 $s = -\zeta\omega_n \pm \omega_n\sqrt{\zeta^2-1}$ 으로 서로 다른 2개의 실근을 가지므로 비진동, 과제동이 된다.
- $0 < \zeta < 1$이면 근
  $s = -\zeta\omega_n \pm j\omega_n\sqrt{1-\zeta^2}$ 으로 공액복소수근을 가지므로 감쇠진동, 부족제동을 한다.

● **정답** 14. ④　15. ②　16. ③

17 단위 피드백제어계의 개루프 전달함수가 $G(s) = \dfrac{1}{(s+1)(s+2)}$일 때 단위 계단 입력에 대한 정상편차는?

[16년 3회 기사]

① $\dfrac{1}{3}$

② $\dfrac{2}{3}$

③ 1

④ $\dfrac{4}{3}$

해설 위치편차상수 $K_p = \lim\limits_{s \to 0} G(s) = \lim\limits_{s \to 0} \dfrac{1}{(s+1)(s+2)} = \dfrac{1}{2}$

∴ 정상위치편차 $e_{ssp} = \dfrac{1}{1+K_p} = \dfrac{1}{1+\dfrac{1}{2}} = \dfrac{2}{3}$

18 개루프 전달함수 $G(s)$가 다음과 같이 주어지는 단위 부궤환계가 있다. 단위 계단 입력이 주어졌을 때, 정상상태 편차가 0.05가 되기 위해서는 K의 값은 얼마인가?

[18년 1회 기사]

$$G(s) = \frac{6K(s+1)}{(s+2)(s+3)}$$

① 19

② 20

③ 0.95

④ 0.05

해설
• 정상위치편차 $e_{ssp} = \dfrac{1}{1+K_p}$

• 정상위치편차상수 $K_p = \lim\limits_{s \to 0} G(s)$

∴ $0.05 = \dfrac{1}{1+K_p}$

$K_p = \lim\limits_{s \to 0} \dfrac{6K(s+1)}{(s+2)(s+3)} = K$

$0.05 = \dfrac{1}{1+K}$

$K = 19$

19 그림과 같은 블록선도로 표시되는 제어계는 무슨 형인가?

[16년 2회 기사]

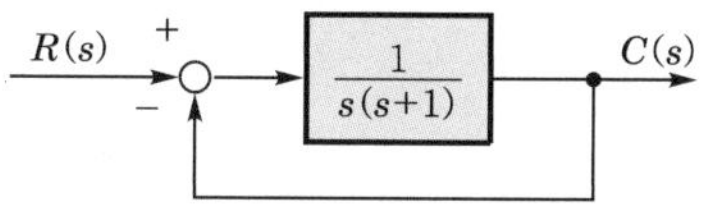

① 0

② 1

③ 2

④ 3

기출 핵심 NOTE

17 ㉠ 편차상수

• 위치편차상수

$K_p = \lim\limits_{s \to 0} G(s)$

• 속도편차상수

$K_v = \lim\limits_{s \to 0} s\,G(s)$

• 가속도편차상수

$K_a = \lim\limits_{s \to 0} s^2 G(s)$

㉡ 정상편차

• 정상위치편차

$e_{ssp} = \dfrac{1}{1+K_p}$

여기서, K_p : 위치편차상수

• 정상속도편차

$e_{ssv} = \dfrac{1}{K_v}$

여기서, K_v : 속도편차상수

19 계의 형

개루프 전달함수의 원점에서의 극점의 수

정답 17. ② 18. ① 19. ②

> **해설** $G(s)H(s) = \dfrac{1}{s(s+1)}$
>
> 제어계의 형은 개루프 전달함수의 원점에서 극점의 수이므로 1형
> 제어계이다.

20 그림의 블록선도에서 K에 대한 페루프 전달함수 $T = \dfrac{C(s)}{R(s)}$의 감도 S_K^T는?　　[16년 3회 기사]

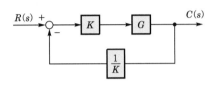

①　-1　　　　　　　② -0.5
③　0.5　　　　　　　④ 1

> **해설** 전달함수 $T = \dfrac{C(s)}{R(s)} = \dfrac{KG}{1 + KG \cdot \dfrac{1}{K}} = \dfrac{KG}{1 + G}$
>
> ∴ 감도 $S_K^T = \dfrac{K}{T}\dfrac{dT}{dK} = \dfrac{K}{\dfrac{KG}{1+G}} \cdot \dfrac{d}{dK}\left(\dfrac{KG}{1+G}\right)$
>
> $= \dfrac{1+G}{G} \cdot \dfrac{G}{1+G} = 1$

20 감도

$S_K^T = \dfrac{K}{T}\dfrac{dT}{dK}$

여기서, T : 전달함수

정답 20. ④

출제비율

기 사

7.0 %

기출개념 01 제어요소의 벡터궤적

(1) 비례요소

$$G(s) = K, \ G(j\omega) = K$$

| $G(s) = K$의 벡터궤적 |

(2) 미분요소

$$G(s) = s, \ G(j\omega) = j\omega$$

| $G(s) = s$의 벡터궤적 |

(3) 적분요소

$$G(s) = \frac{1}{s}, \ G(j\omega) = \frac{1}{j\omega} = -j\frac{1}{\omega}$$

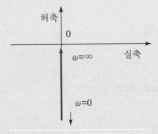

| $G(j\omega) = \dfrac{1}{s}$의 벡터궤적 |

(4) 비례 · 미분요소

$$G(s) = 1 + Ts, \ G(j\omega) = 1 + j\omega T$$

| $G(j\omega) = 1 + Ts$의 벡터궤적 |

(5) 1차 지연요소

$$G(s) = \frac{1}{1 + Ts}, \ G(j\omega) = \frac{1}{1 + j\omega T}$$

- 크기 $|G(j\omega)| = \dfrac{1}{\sqrt{1 + (\omega T)^2}}$
- 위상각 $\underline{/\theta} = -\tan^{-1}\omega T$

- $\omega = 0$인 경우
  크기 $|G(j\omega)| = 1$, 위상각 $\underline{/\theta} = 0°$
- $\omega = \infty$인 경우
  크기 $|G(j\omega)| = 0$, 위상각 $\underline{/\theta} = -\tan^{-1}\infty$
  $\qquad\qquad = -90°$

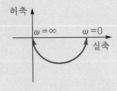

| $G(j\omega) = \dfrac{1}{1 + Ts}$의 벡터궤적 |

(6) 부동작시간 요소

$$G(s) = e^{-Ls}$$
$$G(j\omega) = e^{-j\omega L} = \cos\omega L - j\sin\omega L$$

- 크기 $|G(j\omega)|$
  $= \sqrt{(\cos\omega L)^2 + (\sin\omega L)^2}$
  $= 1$
- 위상은 $0° \rightarrow -90° \rightarrow -180°$
  $\rightarrow -270° \rightarrow -360°$로 변화된다.

| $G(s) = e^{-Ls}$의 벡터궤적 |

1. 주파수 전달함수 $G(s) = s$인 미분요소가 있을 때, 이 시스템의 벡터궤적은?　　15 기사

①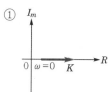

②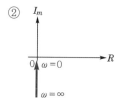

③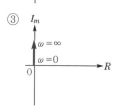

④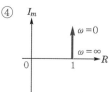

(해설) 미분요소 $G(s) = s$

$\therefore\ G(j\omega) = j\omega$

$\omega = 0$에서는 $G(j\omega) = 0$이지만 ω가 점점 증가함에 따라
$j\omega$는 허수축상에서 위로 올라가는 직선이 된다.

답 ③

2. $G(j\omega) = \dfrac{1}{1 + j2T}$이고, $T = 2[\mathrm{s}]$일 때 크기 $|G(j\omega)|$와 위상 $\underline{/G(j\omega)}$는 각각 얼마인가?

00·99·94 기사

① 0.44, $-36°$

② 0.44, $36°$

③ 0.24, $-76°$

④ 0.24, $76°$

(해설) 크기 $G(j\omega) = \dfrac{1}{1 + j4}$

$|G(j\omega)| = \dfrac{1}{\sqrt{1 + 4^2}} = 0.24$

위상각 $\theta = \underline{/G(j\omega)} = -\tan^{-1}4 = -76°$

답 ③

3. 그림과 같은 궤적(주파수응답)을 나타내는 계의 전달함수는?　　11·95 기사

① s

② $\dfrac{1}{s}$

③ $\dfrac{1}{1 + Ts}$

④ $\dfrac{\omega_n^2}{s^2 + 2\delta\omega_n s + \omega_n^2}$

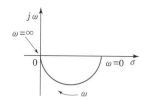

(해설) **1차 지연요소**

㉠ 전달함수 $G(s) = \dfrac{1}{1 + Ts}$,　$G(j\omega) = \dfrac{1}{1 + j\omega T}$

㉡ 크기 $|G(j\omega)| = \dfrac{1}{\sqrt{1 + (\omega T)^2}}$

㉢ 위상각 $\theta = -\tan^{-1}\omega T$

- $\omega = 0$인 경우 : 크기=1, 위상각 $\theta = 0°$
- $\omega = \infty$인 경우 : 크기=0, 위상각 $\theta = -90°$

답 ③

기출개념 02 제어계 형에 따른 벡터궤적

(1) 0형 제어계

① $G(s) = \dfrac{K}{1+Ts}$ 의 벡터궤적

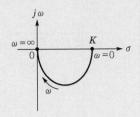

> 크기 $|G(j\omega)| = \dfrac{K}{\sqrt{1+(\omega T)^2}}$
>
> 위상각 $\underline{/\theta} = -\tan^{-1}\omega T$

- $\omega = 0$인 경우 : 크기 $|G(j\omega)| = K$, 위상각 $\underline{/\theta} = -\tan^{-1}0 = 0°$
- $\omega = \infty$인 경우 : 크기 $|G(j\omega)| = 0$, 위상각 $\underline{/\theta} = -\tan^{-1}\infty = -90°$

② $G(s) = \dfrac{K}{(1+T_1 s)(1+T_2 s)}$ 의 벡터궤적

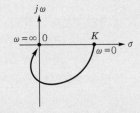

> 크기 $|G(j\omega)| = \dfrac{K}{\sqrt{1+(\omega T_1)^2}\sqrt{1+(\omega T_2)^2}}$
>
> 위상각 $\underline{/\theta} = -(\tan^{-1}\omega T_1 + \tan^{-1}\omega T_2)$

- $\omega = 0$인 경우 : 크기 $|G(j\omega)| = K$, 위상각 $\underline{/\theta} = 0°$
- $\omega = \infty$인 경우 : 크기 $|G(j\omega)| = 0$, 위상각 $\underline{/\theta} = -180°$

(2) 1형 제어계

① $G(s) = \dfrac{K}{s(1+Ts)}$ 의 벡터궤적

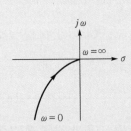

> 크기 $|G(j\omega)| = \dfrac{K}{\omega\sqrt{1+\omega^2 T^2}}$
>
> 위상각 $\underline{/\theta} = -(90° + \tan^{-1}\omega T)$

- $\omega = 0$인 경우 : 크기 $\dfrac{K}{0} = \infty$, 위상각 $\underline{/\theta} = -90°$
- $\omega = \infty$인 경우 : 크기 $\dfrac{K}{\infty} = 0$, 위상각 $\underline{/\theta} = -180°$

② $G(s) = \dfrac{K}{s(1+T_1 s)(1+T_2 s)}$ 의 벡터궤적

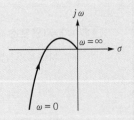

> 크기 $|G(j\omega)| = \dfrac{K}{\omega\sqrt{1+(\omega T_1)^2}\sqrt{1+(\omega T_2)^2}}$
>
> 위상각 $\underline{/\theta} = -(90° + \tan^{-1}\omega T_1 + \tan^{-1}\omega T_2)$

- $\omega = 0$인 경우 : 크기 $\dfrac{K}{0} = \infty$, 위상각 $\underline{/\theta} = -90°$
- $\omega = \infty$인 경우 : 크기 $\dfrac{K}{\infty} = 0$, 위상각 $\underline{/\theta} = -180°$

1. $G(s) = \dfrac{K}{s(1 + Ts)}$ 의 벡터궤적은?

①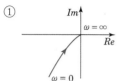

②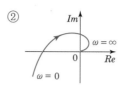

③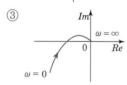

④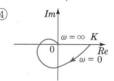

(해설) $G(j\omega) = \dfrac{K}{j\omega(1 + j\omega T)}$

㉠ 크기 $|G(j\omega)| = \dfrac{K}{\omega\sqrt{1 + \omega^2 T^2}}$

㉡ 위상각 $\underline{/\theta} = -(90° + \tan^{-1}\omega T)$

　• $\omega = 0$인 경우 : 크기 $\dfrac{K}{0} = \infty$, 위상각 $\underline{/\theta} = -90°$

　• $\omega = \infty$인 경우 : 크기 $\dfrac{K}{\infty} = 0$, 위상각 $\underline{/\theta} = -180°$

답 ①

2. $G(s) = \dfrac{K}{(1 + T_1 s)(1 + T_2 s)(1 + T_3 s)}$ 의 벡터궤적은?

①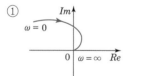

②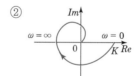

③

④

(해설) $G(j\omega) = \dfrac{K}{(1 + j\omega T_1)(1 + j\omega T_2)(1 + j\omega T_3)}$

㉠ 크기 $|G(j\omega)| = \dfrac{K}{\sqrt{1 + (\omega T_1)^2} \cdot \sqrt{1 + (\omega T_2)^2} \cdot \sqrt{1 + (\omega T_3)^2}}$

㉡ 위상각 $\underline{/\theta} = -(\tan^{-1}\omega T_1 + \tan^{-1}\omega T_2 + \tan^{-1}\omega T_3)$

　• $\omega = 0$인 경우 : 크기 $\dfrac{K}{1} = K$, 위상각 $\underline{/\theta} = 0°$

　• $\omega = \infty$인 경우 : 크기 $\dfrac{K}{\infty} = 0$, 위상각 $\underline{/\theta} = -270°$

답 ④

기출개념 **03** ## 보드(bode)선도

보드선도는 이득 $|G(j\omega)|$와 위상각 $\underline{/G(j\omega)}$로 나누어 각각 주파수 ω의 함수로 표시한 것으로, 즉 보드선도는 횡축에 주파수 ω를 대수눈금으로 취하고 종축에 이득 $|G(j\omega)|$의 데시벨값 혹은 위상각을 취하여 표시한 이득곡선과 위상곡선으로 구성된다.

(1) 이득곡선

주파수의 변화를 대수눈금 $\log_{10}\omega$를 횡축으로 하고 주파수 전달함수의 이득을 종축으로 표시하며 다음과 같이 정의한다.

$$g = 20\log_{10}|진폭비| = 20\log_{10}|G(j\omega)|[\text{dB}]$$

(2) 위상곡선

주파수의 변화를 대수눈금 $\log_{10}\omega$를 횡축으로 하고 주파수 전달함수 $G(j\omega)$의 위상차를 종축으로 표시하며 다음과 같이 정의한다.

$$\theta = \underline{/G(j\omega)}$$

기·출·개·념 **문제**

1. $G(s) = \dfrac{1}{s}$에서 $\omega = 10[\text{rad/s}]$일 때, 이득[dB]은?   95 기사

① -50 ② -40 ③ -30 ④ -20

(해설) 이득 $g = 20\log|G(j\omega)| = 20\log\left|\dfrac{1}{j\omega}\right|$

$= 20\log\left|\dfrac{1}{j10}\right| \fallingdotseq 20\log\dfrac{1}{10} = -20[\text{dB}]$ **답** ④

2. 주파수 전달함수 $G(j\omega) = \dfrac{1}{j100\omega}$인 계산에서 $\omega = 0.1[\text{rad/s}]$일 때, 이득[dB]과 위상각은?

09·02·99·96·94 기사

① $-20,\ -90°$ ② $-40,\ -90°$

③ $20,\ -90°$ ④ $40,\ -90°$

(해설) $G(j\omega) = \dfrac{1}{j100\omega}$

이득 $g = 20\log|G(j\omega)| = 20\log\left|\dfrac{1}{j100\omega}\right|$

$= 20\log\left|\dfrac{1}{j10}\right| \fallingdotseq 20\log\dfrac{1}{10} = -20[\text{dB}]$

위상각 $\underline{/\theta} = \underline{/G(j\omega)} = \underline{/\dfrac{1}{j100\omega}} = \underline{/\dfrac{1}{j10}} = -90°$ **답** ①

미분요소와 적분요소의 보드선도

(1) 미분요소의 보드선도

$G(s) = s$, $G(j\omega) = j\omega$

> 이득 : $g = 20\log_{10}|G(j\omega)| = 20\log_{10}\omega$
>
> 위상각 : $\theta = \underline{/j\omega} = 90°$

보드선도를 그리면

- $\omega = 0.1$인 경우 이득 $g = -20\log_{10}10 = -20[\text{dB}]$
- $\omega = 1$인 경우 이득 $g = 20\log_{10}1 = 0[\text{dB}]$
- $\omega = 10$인 경우 이득 $g = 20\log_{10}10 = 20[\text{dB}]$

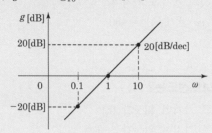

❚ 미분요소의 이득곡선 ❚

(2) 적분요소의 보드선도

$G(s) = \dfrac{1}{s}$, $G(j\omega) = \dfrac{1}{j\omega}$

> 이득 : $g = 20\log_{10}|G(j\omega)| = -20\log_{10}\omega$
>
> 위상각 : $\theta = \underline{/\dfrac{1}{j\omega}} = -90°$

보드선도를 그리면

- $\omega = 0.1$인 경우 이득 $g = 20\log_{10}10 = 20[\text{dB}]$
- $\omega = 1$인 경우 이득 $g = -20\log_{10}1 = 0[\text{dB}]$
- $\omega = 10$인 경우 이득 $g = -20\log_{10}10 = -20[\text{dB}]$

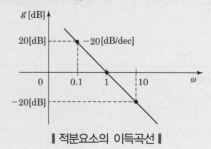

❚ 적분요소의 이득곡선 ❚

1. $G(j\omega) = K(j\omega)^2$의 보드선도는?

① $-40[dB/dec]$의 경사를 가지며 위상각 $-180°$

② $40[dB/dec]$의 경사를 가지며 위상각 $180°$

③ $-20[dB/dec]$의 경사를 가지며 위상각 $-90°$

④ $20[dB/dec]$의 경사를 가지며 위상각 $90°$

해설 이득 $g = 20\log|G(j\omega)| = 20\log|K(j\omega)^2|$
$$= 20\log K\omega^2 = 20\log K + 40\log\omega[dB]$$

- $\omega = 0.1$일 때 $g = 20\log K - 40[dB]$
- $\omega = 1$일 때 $g = 20\log K[dB]$
- $\omega = 10$일 때 $g = 20\log K + 40[dB]$

∴ 이득 $40[dB/dec]$의 경사를 가지며.

위상각 $\underline{/\theta} = \underline{/G(j\omega)} = \underline{/(j\omega)^2} = 180°$

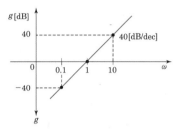

답 ②

2. $G(j\omega) = K(j\omega)^3$의 보드선도는?

① $20[dB/dec]$의 경사를 가지며 위상각 $90°$

② $40[dB/dec]$의 경사를 가지며 위상각 $-90°$

③ $60[dB/dec]$의 경사를 가지며 위상각 $-90°$

④ $60[dB/dec]$의 경사를 가지며 위상각 $270°$

해설 $g = 20\log|G(j\omega)| = 20\log|K(j\omega)^3|$
$$= 20\log K\omega^3 = 20\log K + 60\log\omega$$

- $\omega = 0.1$일 때 $g = 20\log K - 60[dB]$
- $\omega = 1$일 때 $g = 20\log K[dB]$
- $\omega = 10$일 때 $g = 20\log K + 60[dB]$

∴ $60[dB/dec]$의 경사를 가지며,

위상각 $\underline{/\theta} = \underline{/G(j\omega)} = \underline{/(j\omega)^3} = 270°$이다.

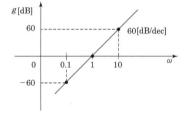

답 ④

3. $G(j\omega) = \dfrac{K}{(j\omega)^2}$의 보드선도에서 ω가 클 때의 이득 변화$[dB/dec]$와 최대 위상각 ϕ_m은?

① $20[dB/dec]$, $\phi_m = 90°$

② $-20[dB/dec]$, $\phi_m = -90°$

③ $40[dB/dec]$, $\phi_m = 180°$

④ $-40[dB/dec]$, $\phi_m = -180°$

해설 $-40[dB/dec]$의 경사를 가지며, 위상각은 $\phi_m = \underline{/G(j\omega)} = \underline{\Big/\dfrac{K}{(j\omega)^2}} = -180°$

답 ④

1차 앞선요소의 보드선도

$$G(s) = 1 + Ts, \quad G(j\omega) = 1 + j\omega T$$

> 이득 : $g = 20\log|G(j\omega)| = 20\log|1 + j\omega T| = 20\log\sqrt{1 + \omega^2 T^2}$ [dB]
> 위상각 : $\theta = \underline{/G(j\omega)} = (1 + j\omega T) = \tan^{-1}\omega T$

① $\omega T \ll 1$인 매우 얕은 주파수

• 이득 : $g = 20\log|G(j\omega)| = 20\log\sqrt{1 + \omega^2 T^2} = 20\log 1 = 0$ [dB]

• 위상각 : $\theta = \underline{/G(j\omega)} = \tan^{-1}0 = 0°$

② $\omega T \gg 1$인 매우 높은 주파수

• 이득 : $g = 20\log|G(j\omega)| = 20\log\sqrt{\omega^2 T^2} = 20\log\omega T = 20\log\omega + 20\log T$ [dB]

• 절점주파수 : 이득 $g = 0$인 주파수

$$0 = 20\log\omega + 20\log T$$

$$20\log\omega = -20\log T = 20\log\frac{1}{T}$$

절점주파수 $\omega_c = \dfrac{1}{T}$ [rad/s]

• 위상각 : $\theta = \underline{/G(j\omega)} = \tan^{-1}\infty = 90°$

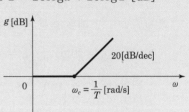

▌1차 앞선요소의 이득곡선 ▌

$G(s) = 1 + 10s$의 보드선도에서 이득곡선은?　　　　02·01·97 기사

①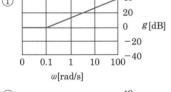

②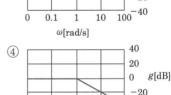

③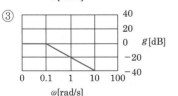

④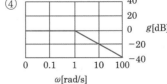

해설 $g = 20\log|G(j\omega)| = 20\log|j10\omega + 1| = 20\log\sqrt{(10\omega)^2 + 1}$

• $\omega \ll 0.1$일 때 $g = 20\log 1 = 0$ [dB]

• $\omega \gg 0.1$일 때 $g = 20\log 10\omega$ [dB]

∴ 기울기는 20[dB/dec]이고 절점주파수 $\omega_c = \dfrac{1}{10} = 0.1$ [rad/s]이다.　　　답 ②

1차 지연요소의 보드선도

$$G(s) = \frac{1}{1+Ts}, \ \ G(j\omega) = \frac{1}{1+j\omega T}$$

> 이득 : $g = 20\log|G(j\omega)| = 20\log_{10}\left|\frac{1}{1+j\omega T}\right| = 20\log_{10}\frac{1}{\sqrt{1+(\omega T)^2}}$ [dB]
>
> 위상각 : $\theta = \angle\frac{1}{1+j\omega T} = -\tan^{-1}\omega T$

① $\omega T \ll 1$인 매우 얕은 주파수

- 이득 : $g = 20\log_{10}\frac{1}{\sqrt{1+(\omega T)^2}} = 20\log_{10}1 = 0$[dB]
- 위상각 : $\theta = -\tan^{-1}0 = 0°$

② $\omega T \gg 1$인 매우 높은 주파수

- 이득 : $g = 20\log_{10}\frac{1}{\omega T} = -20\log_{10}\omega T = -20\log_{10}\omega + 20\log_{10}\frac{1}{T}$ [dB]
- 위상각 : $\theta = -\tan^{-1}\infty = -90°$
- 절점주파수 : 이득 $g = 0$인 주파수

$$0 = -20\log_{10}\omega + 20\log_{10}\frac{1}{T}$$

$$20\log_{10}\omega = 20\log_{10}\frac{1}{T}$$

$$\omega_c = \frac{1}{T}[\text{rad/s}]$$

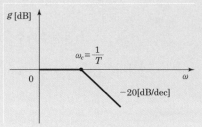

▮1차 지연요소의 이득곡선▮

기·출·개·념 문제

1. $G(s) = \dfrac{1}{1+5s}$ 일 때, 절점에서 절점주파수 ω_c[rad/s]를 구하면? `10·94 기사`

① 0.1 　　　　② 0.5 　　　　③ 0.2 　　　　④ 5

(해설) $G(j\omega) = \dfrac{1}{1+j\omega 5}$, $\omega_c = \dfrac{1}{T} = \dfrac{1}{5} = 0.2$[rad/s] 　　**답** ③

2. $G(j\omega) = \dfrac{1}{1+j\omega T}$인 제어계에서 절점주파수일 때의 이득[dB]은? `82 기사`

① 약 -1 　　　② 약 -2 　　　③ 약 -3 　　　④ 약 -4

(해설) 절점주파수 $\omega_0 = \dfrac{1}{T}$　∴ $G(j\omega) = \dfrac{1}{1+j}$

　　　이득 $g = 20\log_{10}\left|\dfrac{1}{1+j}\right| = 20\log_{10}\dfrac{1}{\sqrt{2}} = -3$[dB]　　**답** ③

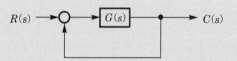

기출
개념 **07** **주파수특성에 관한 제정수**

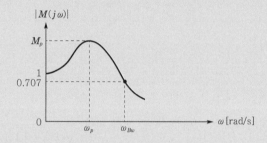

단위 궤환제어계의 전체 전달함수, 즉 폐루프 전달함수 $M(s) = \dfrac{G(s)}{1 + G(s)}$

주파수 전달함수 $M(j\omega) = \dfrac{G(j\omega)}{1 + G(j\omega)} = M\underline{/\phi}$ (단, $M = |M(j\omega)|$, $\phi = \underline{/M(j\omega)}$)

일반적으로 저주파범위에서는 $G(j\omega)$의 크기가 크고, 고주파범위에서는 $G(j\omega)$의 크기가 대단히 작다.

따라서, M은 저주파영역에서는 1에 가깝고 고주파영역으로 갈수록 0에 가깝게 된다.

(1) 공진정점(M_p)

폐루프 주파수 전달함수의 최댓값으로 첨두공진값이라고도 하며 경험에 의해 **최적 M_p의 값은 1.1과 1.5 사이(보통 1.3)**

(2) 공진주파수(ω_p)

공진정점이 일어나는 주파수

(3) 대역폭(BW : band width)

폐루프 주파수 전달함수의 크기 $|M(j\omega)| = 0.707\left(\dfrac{1}{\sqrt{2}}\right)$, 즉 이득 $g = -3[\text{dB}]$일 때의 주파수

(4) 분리도

신호와 잡음(외란)을 분리하는 특성으로 분리도가 예리하면 큰 공진정점(M_p)을 동반하므로 불안정하기가 쉽다.

1. 주파수특성에 관한 정수 가운데 첨두공진점 M_p 값은 대략 어느 정도로 설계하는 것이 가장 좋은가? 05 기사

① 0.1 이하

② 0.1 ~ 1.0

③ 1.1 ~ 1.5

④ 1.5 ~ 2.0

(해설) M_p가 크면 과도응답 시 오버슈트가 커진다. 제어계에서 최적한 M_p의 값은 대략 1.1 ~ 1.5이다. 답 ③

2. 폐루프 전달함수 $G(s) = \dfrac{1}{2s+1}$ 인 계의 대역폭(BW)은 몇 [rad]인가? 03 기사

① 0.5   ② 1

③ 1.5   ④ 2

(해설) $G(j\omega) = \dfrac{1}{2j\omega + 1}$

$|G(j\omega)| = \dfrac{1}{\sqrt{(2\omega)^2 + 1}}$

대역폭을 구하기 위하여 차단주파수를 ω_c라 하면 $\dfrac{1}{\sqrt{(2\omega_c)^2 + 1}} = \dfrac{1}{\sqrt{2}}$

∴ $BW = \omega_c = 0.5[\text{rad}]$ 답 ①

3. 2차 제어계에 있어서 공진정점 M_p가 너무 크면 제어계의 안정도는 어떻게 되는가? 00 기사

① 불안정하게 된다.

② 안정하게 된다.

③ 불변이다.

④ 조건부 안정이 된다.

(해설) 공진정점 M_p가 너무 크면 과도응답 시 오버슈트가 커지므로 불안정하게 된다. 답 ①

4. 분리도가 예리(sharp)해질수록 나타나는 현상은? 02·01·99 기사

① 정상오차가 감소한다.

② 응답속도가 빨라진다.

③ M_p의 값이 감소한다.

④ 제어계가 불안정해진다.

(해설) 분리도가 예리할수록 큰 공진정점(M_p)을 동반하므로 불안정하기 쉽다. 답 ④

2차 제어계의 공진정점 M_p와 감쇠비 δ

2차 제어계의 전달함수

$$M(s) = \frac{C(s)}{R(s)} = \frac{{\omega_n}^2}{s^2 + 2\delta\omega_n s + {\omega_n}^2}$$

$$M(j\omega) = \frac{C(j\omega)}{R(j\omega)} = \frac{{\omega_n}^2}{(j\omega)^2 + 2\delta\omega_n(j\omega) + {\omega_n}^2}$$

$$|M(j\omega)| = \frac{{\omega_n}^2}{\sqrt{({\omega_n}^2 - \omega^2)^2 + (2\delta\omega_n\omega)^2}}$$

크기의 최댓값 M_p는 주파수 ω에 대하여 미분한 후 그 미분을 0으로 놓고 방정식을 풀면

즉, $\dfrac{d|M(j\omega)|}{d\omega} = 0$에서

- 공진정점 : $M_p = \dfrac{1}{2\delta\sqrt{1-\delta^2}}$
- 공진주파수 : $\omega_p = \omega_n\sqrt{1-2\delta^2}$

기·출·개·념 **문제**

1. 폐루프 전달함수 $G(s) = \dfrac{{\omega_n}^2}{s^2 + 2\delta\omega_n s + {\omega_n}^2}$ 인 2차계에 대해서 공진치 M_p는? 96 기사

① $M_p = \omega_n\sqrt{1-2\delta^2}$

② $M_p = \dfrac{1}{2\delta\sqrt{1-\delta^2}}$

③ $M_p = \omega_n\sqrt{1+\delta^2}$

④ $M_p = \dfrac{1}{\delta\sqrt{1-2\delta^2}}$

답 ②

2. 다음 관계식 중 옳은 것은? (단, ω_p는 공진주파수, ω_n은 고유주파수, δ는 제동비이다.) 02 기사

① $\omega_p = \omega_n\sqrt{1-2\delta^2}$

② $\omega_p = \omega_n\sqrt{1-\delta^2}$

③ $\omega_p = \omega_n\sqrt{\delta^2-1}$

④ $\omega_p = \omega_n\sqrt{2-2\delta^2}$

답 ①

이런 문제가 시험에 나온다!
단원 최근 빈출문제

🔍 기출 핵심 NOTE

01 $G(j\omega) = \dfrac{1}{j\omega T + 1}$ 의 크기와 위상각은? [17년 3회 기사]

① $G(j\omega) = \sqrt{\omega^2 T^2 + 1} \big/ \tan^{-1}\omega T$

② $G(j\omega) = \sqrt{\omega^2 T^2 + 1} \big/ -\tan^{-1}\omega T$

③ $G(j\omega) = \dfrac{1}{\sqrt{\omega^2 T^2 + 1}} \big/ \tan^{-1}\omega T$

④ $G(j\omega) = \dfrac{1}{\sqrt{\omega^2 T^2 + 1}} \big/ -\tan^{-1}\omega T$

해설
• 크기 $|G(j\omega)| = \left| \dfrac{1}{1+j\omega T} \right| = \dfrac{1}{\sqrt{1+(\omega T)^2}}$

• 위상각 $\theta = -\tan^{-1}\dfrac{\omega T}{1} = -\tan^{-1}\omega T$

01 • 전달함수
$$G(j\omega) = a + jb$$
$$= 실수부 + j\,허수부$$
• 크기(진폭비)
$$|G(j\omega)| = \sqrt{a^2 + b^2}$$
• 위상각
$$\theta = \underline{/G(j\omega)} = \tan^{-1}\dfrac{b}{a}$$

02 벡터궤적이 다음과 같이 표시되는 요소는? [16년 1회 기사]

① 비례요소
② 1차 지연요소
③ 2차 지연요소
④ 부동작시간 요소

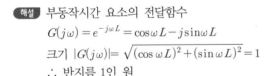

해설 부동작시간 요소의 전달함수
$$G(j\omega) = e^{-j\omega L} = \cos\omega L - j\sin\omega L$$
크기 $|G(j\omega)| = \sqrt{(\cos\omega L)^2 + (\sin\omega L)^2} = 1$
∴ 반지름 1인 원

02 부동작시간 요소의 벡터궤적
크기가 같은 원의 형태

03 그림의 벡터궤적을 갖는 계의 주파수 전달함수는?

[19년 3회 기사]

① $\dfrac{1}{j\omega + 1}$

② $\dfrac{1}{j2\omega + 1}$

③ $\dfrac{j\omega + 1}{j2\omega + 1}$

④ $\dfrac{j2\omega + 1}{j\omega + 1}$

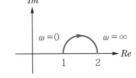

정답 01. ④ 02. ④ 03. ④

[해설] $G(j\omega) = \dfrac{1+j\omega T_2}{1+j\omega T_1}$ 에서

$\omega = 0$인 경우 $|G(j\omega)| = 1$, $\omega = \infty$인 경우 $|G(j\omega)| = \dfrac{T_2}{T_1} = 2$

이므로

$T_1 < T_2$이고, 위상각은 (+)값으로 되어 $G(j\omega) = \dfrac{j2\omega+1}{j\omega+1}$ 이다.

---

04 $G(j\omega) = \dfrac{K}{j\omega(j\omega+1)}$ 의 나이퀴스트선도는? (단, $K > 0$ 이다.)

[15년 1회 기사]

①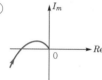

②

③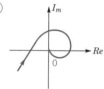

④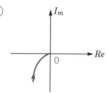

[해설] $G(j\omega) = \dfrac{K}{j\omega(1+j\omega)}$ 의 크기 $|G(j\omega)| = \dfrac{K}{\omega\sqrt{1+\omega^2}}$

위상각 $\underline{/\theta} = -(90° + \tan^{-1}\omega)$

- $\omega = 0$인 경우 : 크기 $\dfrac{K}{0} = \infty$, 위상각 $\underline{/\theta} = -90°$

- $\omega = \infty$인 경우 : 크기 $\dfrac{K}{\infty} = 0$, 위상각 $\underline{/\theta} = -180°$

∴ 나이퀴스트선도는 제3상한에 그려지게 된다.

---

05 $G(j\omega) = \dfrac{K}{j\omega(j\omega+1)}$ 에 있어서 진폭 A 및 위상각 θ는?

[18년 3회 기사]

$$\lim_{\omega \to \infty} G(j\omega) = A\underline{/\theta}$$

① $A = 0$, $\theta = -90°$
② $A = 0$, $\theta = -180°$
③ $A = \infty$, $\theta = -90°$
④ $A = \infty$, $\theta = -180°$

04 1형 제어계의 벡터궤적

$G(s) = \dfrac{K}{j\omega(j\omega+1)}$

$-90°$에서 시작하여 $-180°$에 종착

05 전달함수의 크기

- $|G(j\omega)| = A$: 진폭비

- $A = \dfrac{K}{\omega\sqrt{\omega^2+1}}$

[정답] 04. ④ 05. ②

해설 진폭 A는 $G(j\omega)$의 크기이므로 $A = |G(j\omega)| = \dfrac{K}{\omega \sqrt{\omega^2 + 1}}$

$\therefore \; \omega = \infty$인 경우

$$A = |G(j\omega)| = \left. \frac{K}{\omega \sqrt{\omega^2 + 1}} \right|_{\omega = \infty} = 0$$

$$\underline{/\theta} = -(90° + \tan^{-1}\omega)|_{\omega = \infty} = -180°$$

06 $G(s) = \dfrac{K}{s}$인 적분요소의 보드선도에서 이득곡선의 1[dec]당 기울기는 몇 [dB]인가?　　　　　　[15년 3회 기사]

① 10　　　　　　　　② 20

③ -10　　　　　　　④ -20

해설

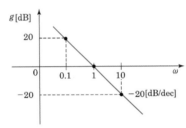

이득 $g = 20\log|G(j\omega)| = 20\log\left|\dfrac{K}{j\omega}\right| = 20\log\dfrac{K}{\omega}$

$\qquad\quad = 20\log K - 20\log\omega\,\text{[dB]}$

• $\omega = 0.1$일 때, $g = 20\log K + 20\,\text{[dB]}$

• $\omega = 1$일 때, $g = 20\log K\,\text{[dB]}$

• $\omega = 10$일 때, $g = 20\log K - 20\,\text{[dB]}$

이득 -20[dB]의 경사를 가지며,

위상각 $\underline{/\theta} = \underline{/G(j\omega)} = \underline{\left/\dfrac{K}{j\omega}\right.} = -90°$

$\therefore$ 1[dec]당 -20[dB]의 경사를 가진다.

07 $G(s) = \dfrac{1}{0.005\,s\,(0.1\,s + 1)^2}$에서 $\omega = 10$[rad/s]일 때 의 이득 및 위상각은?　　　　　　[18년 2회 기사]

① 20[dB], $-90°$

② 20[dB], $-180°$

③ 40[dB], $-90°$

④ 40[dB], $-180°$

해설 $G(j\omega) = \dfrac{1}{0.005j\omega(0.1j\omega + 1)^2}$

기출 핵심 NOTE

06 적분요소의 보드선도

이득 변화 : $g = -20$[dB/dec] 1[dec]당 -20[dB]의 경사를 가진다.

07 • 이득

$g = 20\log_{10}|G(j\omega)|\text{[dB]}$

• 위상각

$\theta = \underline{/G(j\omega)}$

정답 06. ④　07. ②

이득 $g = 20\log |G(j\omega)|$

$$= 20\log \left| \frac{1}{0.005\omega(\sqrt{(0.1\omega)^2 + 1^2})^2} \right|_{\omega = 10}$$

$$= 20\log 10 = 20[\text{dB}]$$

위상각 $\theta = \underline{/G(j\omega)} = -180°$

08 전달함수의 크기가 주파수 0에서 최댓값을 갖는 저역 통과 필터가 있다. 최댓값의 70.7[%] 또는 −3[dB]로 되는 크기까지의 주파수로 정의되는 것은? [15년 3회 기사]

① 공진주파수　　　　② 첨두공진점

③ 대역폭　　　　　　④ 분리도

해설 **대역폭(band width)**

대역폭의 크기가 $0.707M_0$ 또는 $20\log M_0 - 3[\text{dB}]$에서의 주파수로 정의한다. 물리적 의미는 입력신호가 30[%]까지 감소되는 주파수범위이다. 대역폭이 넓으면 넓을수록 응답속도가 빠르다.

09 주파수특성의 정수 중 대역폭이 좁으면 좁을수록 이때의 응답속도는 어떻게 되는가? [17년 3회 기사]

① 빨라진다.　　　　② 늦어진다.

③ 빨라졌다 늦어진다.　　④ 늦어졌다 빨라진다.

해설 대역폭이 넓으면 응답은 빨라지고, 대역폭이 좁으면 응답은 느려진다.

기출 핵심 NOTE

CHAPTER

08 대역폭

폐루프 전달함수의 크기

• $|M(j\omega)| = 0.707$

• M_0 : 영주파수의 이득

09 대역폭과 응답속도

대역폭이 넓을수록 응답속도가 빠르다.

정답 08. ③ 09. ②

"친구를 갖는다는 것은
또 하나의 인생을 갖는 것이다."

– 그라시안 –

출제비율

기 사

15.6%

기출개념 01 안정도 판별

안정도 판별에 가장 많이 사용되는 것은 특성방정식의 근, 즉 극점의 위치에 따른 방법이며 라우스-후르비츠(Routh-Hurwitz) 판별법이 많이 사용되며 상대안정도를 구하기 위해서는 나이퀴스트(Nyquist)선도, 보드(bode)선도를 이용한다.

(1) 특성방정식의 근의 위치에 따른 안정도

특성방정식의 근, 즉 극점의 위치가 복소평면의 좌반부에 존재 시에는 제어계는 안정하고 우반부에 극점의 위치가 존재하면 불안정하게 된다.

(2) 안정 필요조건

라우스-후르비츠(Routh-Hurwitz) 판별법의 전제조건이 맞지 않으면 무조건 불안정하고 이 조건을 만족하는 경우에 안정도 판별법을 적용하여 안정·불안정 여부를 결정해준다.

① 특성방정식의 모든 차수가 존재하여야 한다.
② **특성방정식의 모든 차수의 계수부호가 같아야 한다. 즉, 부호 변화가 없어야 한다.**

기·출·개·념 문제

1. 특성방정식의 근이 모두 복소 s 평면의 좌반부에 있으면 이 계의 안정 여부는?

00·98·93 기사

① 조건부안정 ② 불안정
③ 임계안정 ④ 안정

(해설) 제어계가 안정하려면 특성방정식의 근이 s 평면(복소평면)상의 좌반부에 존재하여야 한다.

답 ④

2. 다음 특성방정식 중 안정될 필요조건을 갖춘 것은?

15·02·99 기사

① $s^4 + 3s^2 + 10s + 10 = 0$
② $s^3 + s^2 - 5s + 10 = 0$
③ $s^3 + 2s^2 + 4s - 1 = 0$
④ $s^3 + 9s^2 + 20s + 12 = 0$

(해설) **제어계가 안정될 때 필요조건**
특성방정식의 모든 차수가 존재하고 각 계수의 부호가 같아야 한다.

답 ④

라우스(Routh)의 안정도 판별법

특성방정식이 $a_0 s^6 + a_1 s^5 + a_2 s^4 + a_3 s^3 + a_4 s^2 + a_5 s + a_6 = 0$일 때 다음과 같은 라우스 배열(라우스표)를 작성한다.

(1) 1단계

특성방정식의 계수를 다음과 같이 두 줄로 나열한다.

$a_0 \ \ a_2 \ \ a_4 \ \ a_6$

$a_1 \ \ a_3 \ \ a_5 \ \ 0$

(2) 2단계

다음 표와 같은 라우스 수열을 계산하여 만든다(6차 방정식의 경우).

s^6	a_0	a_2	a_4	a_6
s^5	a_1	a_3	a_5	0
s^4	$\dfrac{a_1 a_2 - a_3 a_0}{a_1} = A$	$\dfrac{a_1 a_4 - a_0 a_5}{a_1} = B$	$\dfrac{a_1 a_6 - a_0 \times 0}{a_1} = a_6$	0
s^3	$\dfrac{A a_3 - a_1 B}{A} = C$	$\dfrac{A a_5 - a_1 a_6}{A} = D$	$\dfrac{A \times 0 - a_1 \times 0}{A} = 0$	0
s^2	$\dfrac{CB - AD}{C} = E$	$\dfrac{a_6 - A \times 0}{C} = a_6$	$\dfrac{C \times 0 - A \times 0}{C} = 0$	0
s^1	$\dfrac{EC - C a_6}{E} = F$	$\dfrac{E \times 0 - C \times 0}{E} = 0$	0	0
s^0	$\dfrac{F a_6 - E \times 0}{F} = a_6$	0	0	0

(3) 3단계(안정 판별)

2단계에서 작성한 라우스의 표에서 제1열의 원소부호를 조사한다.

제1열의 원소 : $a_0 \ \ a_1 \ \ A \ \ C \ \ E \ \ F \ \ a_6$

① 제1열의 부호 변화가 없다 : 안정

특성방정식의 근이 s평면상의 좌반부에 존재한다.

② 제1열의 부호 변화가 있다 : 불안정

제1열의 부호 변화의 횟수만큼 특성방정식의 근이 s평면상의 우반부에 존재하는 근의 수가 된다.

1. 라우스표를 작성할 때, 제1열 요소의 부호 변환은 무엇을 의미하는가?   01·95 기사

① s−평면의 좌반면에 존재하는 근의 수

② s−평면의 우반면에 존재하는 근의 수

③ s−평면의 허수축에 존재하는 근의 수

④ s−평면의 원점에 존재하는 근의 수

(해설) 제1열의 요소 중에 부호의 변화가 있으면 부호의 변화만큼 s 평면의 우반부에 불안정근이 존재한다.

답 ②

2. $s^3 + 2s^2 + 2s + 40 = 0$에는 양의 실수부를 갖는 근이 몇 개 있는가?   10·83 기사

① 0   ② 1

③ 2   ④ 3

(해설) **라우스의 표**

$$
\begin{array}{c|cc}
s^3 & 1 & 2 \\
s^2 & 2 & 40 \\
s^1 & \dfrac{4-40}{2}=-18 & 0 \\
s^0 & \dfrac{-18\times 40 - 0}{-18}=40 &
\end{array}
$$

제1열의 부호가 2번 변화하기 때문에 양의 실수부를 갖는 근이 2개 있다.

답 ③

3. 특성방정식 $s^2 + Ks + 2K - 1 = 0$인 계가 안정될 K의 범위는?   11·01·99 기사

① $K > 0$

② $K > \dfrac{1}{2}$

③ $K < \dfrac{1}{2}$

④ $0 < K < \dfrac{1}{2}$

(해설) **라우스의 표**

$$
\begin{array}{c|cc}
s^2 & 1 & 2K-1 \\
s^1 & K & \\
s^0 & 2K-1 &
\end{array}
$$

제1열의 부호 변화가 없어야 계가 안정하므로

$K > 0,\ 2K - 1 > 0$

$\therefore\ K > \dfrac{1}{2}$

답 ②

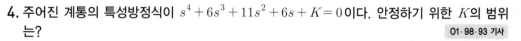

4. 주어진 계통의 특성방정식이 $s^4 + 6s^3 + 11s^2 + 6s + K = 0$이다. 안정하기 위한 K의 범위는?

01·98·93 기사

① $K < 0, \ K > 20$
② $0 < K < 20$
③ $0 < K < 10$
④ $K < 20$

(해설) **라우스의 표**

$$
\begin{array}{c|ccc}
s^4 & 1 & 11 & K \\
s^3 & 6 & 6 & 0 \\
s^2 & 10 & K & \\
s^1 & \dfrac{60-6K}{10} & 0 & \\
s^0 & K & &
\end{array}
$$

제1열의 부호 변화가 없으려면 $\dfrac{60-6K}{10} > 0$

$K < 10, \ K > 0$

$\therefore \ 0 < K < 10$

답 ③

5. 다음과 같은 단위 궤환제어계가 안정하기 위한 K의 범위를 구하면?

13·97 기사

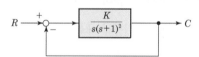

① $K > 0$
② $K > 1$
③ $0 < K < 1$
④ $0 < K < 2$

(해설) 특성방정식 $1 + G(s)H(s) = 1 + \dfrac{K}{s(s+1)^2} = 0$

$s(s+1)^2 + K = s^3 + 2s^2 + s + K = 0$

라우스의 표

$$
\begin{array}{c|ccc}
s^3 & 1 & 1 & 0 \\
s^2 & 2 & K & \\
s^1 & \dfrac{2-K}{2} & 0 & \\
s^0 & K & &
\end{array}
$$

제1열의 부호 변화가 없어야 안정하므로 $\dfrac{2-K}{2} > 0, \ K > 0$

$\therefore \ 0 < K < 2$

답 ④

기출개념 03 특수한 경우의 안정도 판별법

(1) 라우스표 작성 시 제1열의 원소만 0인 경우가 발생되는 경우
라우스표 제1열의 0을 미소 양의 실수 ε으로 대치해서 라우스표를 작성한다.

기·출·개·념 문제

특성방정식이 $s^3 + s^2 + s = 0$일 때, 이 계통은 어떻게 되는가? 07 기사

① 안정하다. ② 불안정하다.

③ 조건부안정이다. ④ 임계상태이다.

해설 라우스의 표

$$
\begin{array}{c|cc}
s^3 & 1 & 1 \\
s^2 & 1 & 0 \\
s^1 & 1 & 0 \\
s^0 & (0) & \leftarrow \text{0을 미소 양의 실수 } \varepsilon \text{으로 대치} \\
 & \varepsilon &
\end{array}
$$

제1열의 부호 변화가 없으므로 계는 안정하고 우반평면상에 근이 없다. **답** ①

---

(2) 라우스표 작성 시 한 행이 모두 0인 경우가 발생되는 경우
라우스표에서 바로 위의 행을 이용하여 보조방정식 $f(s)$를 세워 s에 관해 미분,
즉 $\dfrac{df(s)}{ds}$의 계수로 대치해서 라우스표를 작성한다.

기·출·개·념 문제

특성방정식이 다음과 같이 주어질 때, 불안정근의 수는? 87 기사

$$s^4 + s^3 - 3s^2 - s + 2 = 0$$

① 0 ② 1 ③ 2 ④ 3

해설 라우스의 표

$$
\begin{array}{c|ccc}
s^4 & 1 & -3 & 2 \\
s^3 & 1 & -1 & 0 \\
s^2 & -2 & 2 & \text{(보조방정식)} \\
s^1 & (0) & (0) & \\
 & -4 & 0 & \\
s^0 & 2 & 0 &
\end{array}
$$

보조방정식 $f(s)$는 $f(s) = -2s^2 + 2$, 보조방정식을 s에 관해서 미분하면 $\dfrac{df(s)}{ds} = -4s$

라우스의 표에서 0인 행에 $\dfrac{df(s)}{ds}$의 계수로 대치하면 제1열의 부호 변화가 2번 있으므로 s
평면의 우반부에 2개의 근($s = 1$의 중근)을 가진다. **답** ③

기출개념 04 후르비츠(Hurwitz)의 안정도 판별법

특성방정식이 $a_0 s^4 + a_1 s^3 + a_2 s^2 + a_3 s + a_4 = 0$

① 계수를 다음과 같이 두 줄로 나열한다.

② 하부에서 상부로 계수가 $a_0 \rightarrow a_1 \rightarrow a_2 \rightarrow a_3 \rightarrow a_4 \rightarrow \cdots$ 의 순서가 되도록 나열한다.

③ 다음과 같이 후르비츠(Hurwitz)의 행렬을 구성한다.

$$D_1 = \left| a_1 \right|$$

$$D_2 = \begin{vmatrix} a_1 & a_3 \\ a_0 & a_2 \end{vmatrix}$$

$$D_3 = \begin{vmatrix} a_1 & a_3 & 0 \\ a_0 & a_2 & a_4 \\ 0 & a_1 & a_3 \end{vmatrix}$$

위의 특성방정식의 모든 근이 s의 좌반면에 존재하기 위한 조건은 행렬 D_1, D_2, D_3의 값이 모두 0보다 커야 하며 또한 특성방정식의 첫 번째 항이 0보다 커야 한다. 이 조건을 모두 만족하여야만 제어계는 안정하다.

즉, $a_0 > 0$, $D_1 > 0$, $D_2 > 0$, $D_3 > 0$일 때 제어계는 안정하다.

기·출·개·념 문제

특성방정식이 $s^4 + 2s^3 + 5s^2 + 4s + 2 = 0$으로 주어졌을 때 이것을 후르비츠(Hurwitz)의 안정조건으로 판별하면 이 계는?

① 안정
② 불안정
③ 조건부 안정
④ 임계상태

해설 특성방정식 $F(s) = a_0 s^4 + a_1 s^3 + a_2 s^2 + a_3 s^1 + a_4 = 0$에서

$a_0 = 1$, $a_1 = 2$, $a_2 = 5$, $a_3 = 4$, $a_4 = 2$이므로 후르비츠의 판별법으로 계산하면

$D_1 = a_1 = 2$

$D_2 = \begin{vmatrix} a_1 & a_3 \\ a_0 & a_2 \end{vmatrix} = \begin{vmatrix} 2 & 4 \\ 1 & 5 \end{vmatrix} = 6$

$D_3 = \begin{vmatrix} a_1 & a_3 & a_5 \\ a_0 & a_2 & a_4 \\ 0 & a_1 & a_3 \end{vmatrix} = \begin{vmatrix} 2 & 4 & 0 \\ 1 & 5 & 2 \\ 0 & 2 & 4 \end{vmatrix} = 2 \begin{vmatrix} 5 & 2 \\ 2 & 4 \end{vmatrix} - 4 \begin{vmatrix} 1 & 2 \\ 0 & 4 \end{vmatrix} + 0 \begin{vmatrix} 1 & 5 \\ 0 & 2 \end{vmatrix} = 16$

$\therefore D_1$, D_2, $D_3 > 0$이므로 안정하다.

답 ①

나이퀴스트의 안정도 판별법

(1) 나이퀴스트선도의 안정도 판별법

자동제어계가 안정하려면 개loop 전달함수 $G(s)H(s)$의 나이퀴스트선도를 그리고 이 것을 ω 증가하는 방향으로 따라갈 때 $(-1, +j0)$점이 왼쪽(좌측)에 있으면 제어계는 안정하고 $(-1, +j0)$점이 오른쪽(우측)에 있으면 제어계는 불안정하다.

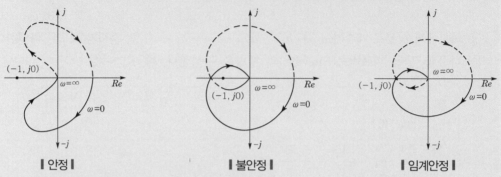

| 안정 | | 불안정 | | 임계안정 |

(2) 나이퀴스트선도의 원점을 일주하는 횟수

s평면의 우반평면상에 존재하는 영점의 수를 Z, 극점의 수를 P라 하면 나이퀴스트선 도의 원점을 일주하는 횟수 $N = Z - P$회가 되면 $N > 0$면 시계방향으로 일주하고 $N < 0$면 반시계방향으로 일주한다.

기·출·개·념 문제

다음은 단위 피드백(feedback)제어계의 개루프(open loop) 전달함수의 벡터궤적이다. 이 중 안 정한 궤적은?

`99·96 기사`

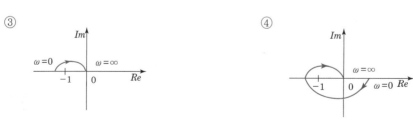

해설 나이퀴스트선도에서 제어계가 안정하기 위한 조건은 ω가 증가하는 방향으로 $(-1, j0)$점을 포위하지 않고 회전하여야 한다.

답 ②

기출 개념 06 이득여유와 위상여유

(1) 이득여유(Gain Margin, GM)

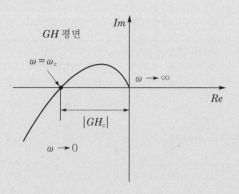

나이퀴스트선도가 부의 실축을 자르는 $G(j\omega)H(j\omega)$의 크기를 $|GH_c|$일 때 부의 실수 축과의 교차점을 위상교차점이라 하며 허수부가 0이 되는 ω를 ω_c라고 할 때 이득여유 는 다음과 같이 정의한다.

$$이득여유(GM) = 20\log \frac{1}{|GH_c|_{\omega = \omega_c}} [\text{dB}]$$

(2) 위상여유(Phase Margin, PM)

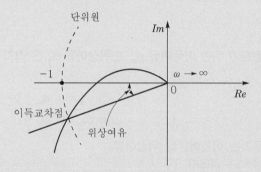

단위원과 나이퀴스트선도와의 교차점을 이득교차점이라 하며 이득교차점을 표시하는 벡터가 부(−)의 실축과 만드는 각이다.

(3) 안정계에 요구되는 여유

$$이득여유(GM) = 4 \sim 12[\text{dB}]$$
$$위상여유(PM) = 30 \sim 60°$$

기·출·개·념 **문제**

1. $G(s)H(s)$가 다음과 같이 주어지는 계가 있다. 이득여유가 40[dB]이면 이때의 K의 값은?

11·98·90 기사

$$G(s)H(s) = \frac{K}{(s+1)(s-2)}$$

① $\dfrac{1}{20}$　　　　　　　② $\dfrac{1}{30}$

③ $\dfrac{1}{40}$　　　　　　　④ $\dfrac{1}{50}$

해설 $GM = 20\log\dfrac{1}{|GH_c|} = 40[\text{dB}]$

$\log\dfrac{1}{|GH_c|} = 2$

$|GH_c| = \dfrac{1}{100}$

$G(j\omega)H(j\omega) = \dfrac{K}{(j\omega+1)(j\omega-2)} = \dfrac{K}{-(\omega^2+2)-j\omega}$

$|G(j\omega)H(j\omega)|_{\omega=0} = \left|\dfrac{K}{-(\omega^2+2)}\right|_{\omega=0} = \dfrac{K}{2}$

$|GH_c| = \dfrac{K}{2} = \dfrac{1}{100}$

$\therefore \ K = \dfrac{1}{50}$

답 ④

2. 어떤 제어계가 안정하기 위한 이득여유 g_m과 위상여유 ϕ_m은 각각 어떤 조건을 가져야 하는가?

14 기사

① $g_m > 0, \ \phi_m > 0$　　　　　　② $g_m < 0, \ \phi_m < 0$

③ $g_m < 0, \ \phi_m > 0$　　　　　　④ $g_m > 0, \ \phi_m < 0$

해설 **안정계에 요구되는 이득여유와 위상여유**
- 이득여유(g_m)＝4 ~ 12[dB]
- 위상여유(ϕ_m)＝30 ~ 60°

답 ①

이런 문제가 시험에 나온다!
단원 최근 빈출문제

📑🔍 **기출 핵심 NOTE**

01 특성방정식의 모든 근이 s복소평면의 좌반면에 있으면 이 계는 어떠한가? [17년 2회 기사]

① 안정   ② 준안정
③ 불안정   ④ 조건부안정

해설 제어계가 안정하려면 특성방정식의 근이 s평면상(복소평면)의 좌반부에 존재하여야 한다.

01 s**평면의 안정 판별**
- 좌반부 존재 : 안정
- 우반부 존재 : 불안정
- 허수축에 존재 : 임계안정

02 특성방정식 중 안정될 필요조건을 갖춘 것은? [15년 2회 기사]

① $s^4 + 3s^2 + 10s + 10 = 0$ ② $s^3 + s^2 - 5s + 10 = 0$
③ $s^3 + 2s^2 + 4s - 1 = 0$ ④ $s^3 + 9s^2 + 20s + 12 = 0$

해설 특성방정식의 모든 차수의 항이 존재하고 각 계수의 부호가 같아야 한다.

02 안정 필요조건
- 특성방정식의 모든 차수가 존재할 것
- 특성방정식의 부호 변화가 없을 것

03 특성방정식 중에서 안정된 시스템인 것은? [19년 1회 기사]

① $2s^3 + 3s^2 + 4s + 5 = 0$ ② $s^4 + 3s^3 - s^2 + s + 10 = 0$
③ $s^5 + s^3 + 2s^2 + 4s + 3 = 0$ ④ $s^4 - 2s^3 - 3s^2 + 4s + 5 = 0$

해설 **제어계가 안정될 때 필요조건**
특성방정식의 모든 차수가 존재하고 각 계수의 부호가 같아야 한다.

04 일반적인 제어시스템에서 안정의 조건은? [18년 3회 기사]

① 입력이 있는 경우 초기값에 관계없이 출력이 0으로 간다.
② 입력이 없는 경우 초기값에 관계없이 출력이 무한대로 간다.
③ 시스템이 유한한 입력에 대해서 무한한 출력을 얻는 경우
④ 시스템이 유한한 입력에 대해서 유한한 출력을 얻는 경우

해설 일반적인 제어시스템의 안정도는 입력에 대한 시스템의 응답에 의해 정해지므로 유한한 입력에 대해서 유한한 출력이 얻어지는 경우는 시스템이 안정하다고 한다.

정답 01. ①   02. ④   03. ①   04. ④

05 Routh-Hurwitz 표에서 제1열의 부호가 변하는 횟수로부터 알 수 있는 것은? [19년 3회 기사]

① s평면의 좌반면에 존재하는 근의 수
② s평면의 우반면에 존재하는 근의 수
③ s평면의 허수축에 존재하는 근의 수
④ s평면의 원점에 존재하는 근의 수

해설 제1열의 요소 중에 부호의 변화가 있으면 부호의 변화만큼 s평면의 우반부에 불안정근이 존재한다.

06 Routh 안정 판별표에서 수열의 제1열이 다음과 같을 때 이 계통의 특성방정식에 양의 실수부를 갖는 근이 몇 개인가? [17년 3회 기사]

① 전혀 없다.
② 1개 있다.
③ 2개 있다.
④ 3개 있다.

$$\begin{matrix} 1 \\ 2 \\ -1 \\ 3 \\ 1 \end{matrix}$$

해설 제1열의 부호 변환의 수가 우반평면에 존재하는 근의 수, 즉 양의 실수부의 근, 불안정근의 수가 된다. 2에서 −1과 −1에서 3으로 부호 변화가 2번 있으므로 양의 실수부를 갖는 근은 2개 존재한다.

07 $s^3 + 11s^2 + 2s + 40 = 0$에는 양의 실수부를 갖는 근은 몇 개 있는가? [18년 3회 기사]

① 1 ② 2
③ 3 ④ 없다.

해설 라우스의 표

$$\begin{array}{c|cc} s^3 & 1 & 2 \\ s^2 & 11 & 40 \\ s^1 & \dfrac{22-40}{11} & 0 \\ s^0 & 40 \end{array}$$

제1열의 부호 변화가 2번 있으므로 양의 실수부를 갖는 불안정근이 2개가 있다.

08 특성방정식이 $s^4 + s^3 + 2s^2 + 3s + 2 = 0$인 경우 불안정한 근의 수는? [15년 3회 기사]

① 0개 ② 1개
③ 2개 ④ 3개

기출 핵심 NOTE

05 라우스의 안정 판별
• 안정 조건
  라우스표의 제1열의 부호 변동이 없어야 한다.
• 라우스표의 제1열의 부호 변화의 횟수가 우반평면의 극점의 수로 불안정근의 수가 된다.

07 • 우반평면
  = s평면의 양의 반평면
• 양의 실수부를 갖는 근
  = 불안정근

08 불안정한 근의 수
라우스표의 제1열의 부호 변화의 횟수

정답 05. ② 06. ③ 07. ② 08. ③

기출 핵심 NOTE

해설 라우스(Routh)의 표

$$
\begin{array}{c|ccc}
s^4 & 1 & 2 & 2 \\
s^3 & 1 & 3 & 0 \\
s^2 & \dfrac{2-3}{1} & \dfrac{2-0}{1} & \\
s^1 & \dfrac{-3-2}{-1} & 0 & \\
s^0 & 2 & &
\end{array}
$$

∴ 제1열의 부호 변화가 2번 있으므로 불안정한 근의 수가 2개 있다.

09 특성방정식 $s^5 + 2s^4 + 2s^3 + 3s^2 + 4s + 1$을 Routh-Hurwitz 판별법으로 분석한 결과로 옳은 것은?

[17년 3회 기사]

① s평면의 우반면에 근이 존재하지 않기 때문에 안정한 시스템이다.
② s평면의 우반면에 근이 1개 존재하기 때문에 불안정한 시스템이다.
③ s평면의 우반면에 근이 2개 존재하기 때문에 불안정한 시스템이다.
④ s평면의 우반면에 근이 3개 존재하기 때문에 불안정한 시스템이다.

09 s평면의 우반면의 근의 수와 같은 의미
• 양의 실수부의 근의 수
• 불안정근의 수
• 라우스표의 제1열의 부호 변화의 횟수

해설 라우스의 표

$$
\begin{array}{c|ccc}
s^5 & 1 & 2 & 4 \\
s^4 & 2 & 3 & 1 \\
s^3 & 0.5 & 3.5 & \\
s^2 & -11 & 1 & \\
s^1 & 3.55 & 0 & \\
s^0 & 1 & &
\end{array}
$$

제1열의 부호 변화가 2번 있으므로 계는 불안정하며 우반면의 근이 2개 존재한다.

10 어떤 제어계의 전달함수인 $G(s) = \dfrac{s}{(s+2)(s^2 + 2s + 2)}$ 에서 안정성을 판정하면?

[15년 3회 기사]

① 임계상태
② 불안정
③ 안정
④ 알 수 없다.

10 특성방정식
종합전달함수 $G(s)$의 분모가 0이 되는 방정식

정답 09. ③ 10. ③

해설 • 특성방정식

$$(s+2)(s^2+2s+2)=0$$

$$s^3+4s^2+6s+4=0$$

• 라우스의 표

$$
\begin{array}{c|cc}
s^3 & 1 & 6 \\
s^2 & 4 & 4 \\
s^1 & \dfrac{24-4}{4} & 0 \\
s^0 & 4 &
\end{array}
$$

∴ 제1열의 부호 변화가 없으므로 제어계는 안정하다.

11 특성방정식 $s^3+2s^2+Ks+5=0$이 안정하기 위한 K의 값은?

[18년 1회 기사]

① $K>0$ ② $K<0$

③ $K>\dfrac{5}{2}$ ④ $K<\dfrac{5}{2}$

11 안정조건
라우스표의 제1열의 부호 변화가 없어야 한다.

해설 라우스의 표

$$
\begin{array}{c|cc}
s^3 & 1 & K \\
s^2 & 2 & 5 \\
s^1 & \dfrac{2K-5}{2} & 0 \\
s^0 & 5 &
\end{array}
$$

제1열의 부호 변화가 없으려면 $\dfrac{2K-5}{2}>0$

∴ $K>\dfrac{5}{2}$

12 $F(s)=s^3+4s^2+2s+K=0$에서 시스템이 안정하기 위한 K의 범위는?

[16년 3회 기사]

① $0<K<8$ ② $-8<K<0$

③ $1<K<8$ ④ $-1<K<8$

해설 라우스의 표

$$
\begin{array}{c|cc}
s^3 & 1 & 2 \\
s^2 & 4 & K \\
s^1 & \dfrac{8-K}{4} & 0 \\
s^0 & K &
\end{array}
$$

제1열의 부호 변화가 없으려면 $\dfrac{8-K}{4}>0$, $K>0$

∴ $0<K<8$

정답 11. ③ 12. ①

13 특성방정식 $P(s)$가 다음과 같이 주어지는 계가 있다. 이 계가 안정되기 위한 K와 T의 관계로 맞는 것은? (단, K와 T는 양의 실수이다.) [15년 2회 기사]

$$P(s) = 2s^3 + 3s^2 + (1 + 5KT)s + 5K = 0$$

① $K > T$

② $15KT > 10K$

③ $3 + 15KT > 10K$

④ $3 - 15KT > 10K$

기출 핵심 NOTE

13 안정조건
- s 평면의 좌반부에 극점이 존재한다.
- 라우스표의 제1열의 부호 변화가 없어야 한다.

해설 라우스의 표

s^3	2	$1 + 5KT$
s^2	3	$5K$
s^1	$\dfrac{3(1+5KT) - 10K}{3}$	0
s^0	$5K$	

안정하기 위해서는 제1열의 부호 변화가 없어야 하므로

$$\frac{3(1 + 5KT) - 10K}{3} > 0, \ 5K > 0$$

$$3(1 + 5KT) - 10K > 0$$

$$\therefore 3 + 15KT > 10K$$

14 특성방정식 $s^3 + 2s^2 + (k+3)s + 10 = 0$에서 Routh 안정도 판별법으로 판별 시 안정하기 위한 k의 범위는? [17년 1회 기사]

① $k > 2$

② $k < 2$

③ $k > 1$

④ $k < 1$

해설 라우스의 표

s^3	1	$k + 3$
s^2	2	10
s^1	$\dfrac{2(k+3) - 10}{2}$	0
s^0	10	

제1열의 부호 변화가 없으려면 $\dfrac{2(k+3) - 10}{2} > 0$ $\therefore k > 2$

정답 13. ③ 14. ①

기출 핵심 NOTE

15 다음은 시스템의 블록선도이다. 이 시스템이 안정한 시스템이 되기 위한 K의 범위는? [15년 1회 기사]

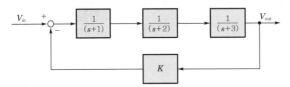

① $-6 < K < 60$

② $0 < K < 60$

③ $-1 < K < 3$

④ $0 < K < 3$

해설 • 특성방정식 : $1 + G(s)H(s) = 0$

$$1 + \frac{K}{(s+1)(s+2)(s+3)} = 0$$

$$s^3 + 6s^2 + 11s + 6 + K = 0$$

• 라우스의 표

$$
\begin{array}{c|cc}
s^3 & 1 & 11 \\
s^2 & 6 & 6+K \\
s^1 & \dfrac{66-(6+K)}{6} & 0 \\
s^0 & 6+K &
\end{array}
$$

• 제1열의 부호 변화가 없어야 안정하므로

$$\frac{66-(6+K)}{6} > 0, \ K < 60$$

$$6 + K > 0$$

$$K > -6$$

$$\therefore \ -6 < K < 60$$

16 단위궤환제어시스템의 전향경로 전달함수가 $G(s) = \dfrac{K}{s(s^2 + 5s + 4)}$ 일 때, 이 시스템이 안정하기 위한 K의 범위는? [19년 1회 기사]

① $K < -20$

② $-20 < K < 0$

③ $0 < K < 20$

④ $20 < K$

해설 특성방정식 : $1 + G(s)H(s) = 0$

단위궤환제어이므로 $H(s) = 1$

$$1 + \frac{K}{s(s^2 + 5s + 4)} = 0$$

$$s(s^2 + 5s + 4) + K = 0$$

$$s^3 + 5s^2 + 4s + K = 0$$

기출 핵심 NOTE

15 피드백제어계의 전달함수

$$G(s) = \frac{\text{전향경로이득}}{1 - \text{루프이득}}$$

• $\dfrac{C(s)}{R(s)} = \dfrac{G(s)}{1 + G(s)H(s)}$

• 특성방정식

$1 + G(s)H(s) = 0$

16 • 특성방정식

전달함수 $G(s)$의 분모 $= 0$의 방정식

• 안정조건

라우스표의 제1열의 부호 변화가 없어야 한다.

정답 15. ① 16. ③

라우스의 표

$$
\begin{array}{c|cc}
s^3 & 1 & 4 \\
s^2 & 5 & K \\
s^1 & \dfrac{20-K}{5} & 0 \\
s^0 & K &
\end{array}
$$

제1열의 부호 변화가 없어야 안정하므로

$$\frac{20-K}{5} > 0, \ K > 0$$

$$\therefore \ 0 < K < 20$$

17 단위궤환제어계의 개루프 전달함수가 $G(s) = \dfrac{K}{s(s+2)}$

일 때, K가 $-\infty$로부터 $+\infty$까지 변하는 경우 특성방정식의 근에 대한 설명으로 틀린 것은? [19년 2회 기사]

① $-\infty < K < 0$에 대하여 근은 모두 실근이다.

② $0 < K < 1$에 대하여 2개의 근은 모두 음의 실근이다.

③ $K = 0$에 대하여 $s_1 = 0$, $s_2 = -2$의 근은 $G(s)$의 극점과 일치한다.

④ $1 < K < \infty$에 대하여 2개의 근은 음의 실수부 중근이다.

해설 특성방정식 : $s(s+2) + K = s^2 + 2s + K = 0$

특성방정식의 근 : $s = \dfrac{-1 \pm \sqrt{1^2 - 1 \times K}}{1} = -1 \pm \sqrt{1-K}$

• $-\infty < K < 0$이면 특성근 2개가 모두 실근이며, 하나는 양의 실근이고 다른 하나는 음의 실근이다.

• $0 < K < 1$이면 2개의 특성근은 모두 음의 실근이다.

• $K = 0$이면 특성근 $s_1 = 0$, $s_2 = -2$이므로 특성근은 극점과 일치한다.

• $1 < K < \infty$이면 2개의 특성근은 음의 실수부를 가지는 공액복소근이다.

18 다음의 특성방정식을 Routh-Hurwitz 방법으로 안정도를 판별하고자 한다. 이때 안정도를 판별하기 위하여 가장 잘 해석한 것은 어느 것인가? [17년 2회 기사]

$$q(s) = s^5 + 2s^4 + 2s^3 + 4s^2 + 11s + 10$$

① s평면의 우반면에 근은 없으나 불안정하다.

② s평면의 우반면에 근이 1개 존재하여 불안정하다.

③ s평면의 우반면에 근이 2개 존재하여 불안정하다.

④ s평면의 우반면에 근이 3개 존재하여 불안정하다.

기출 핵심 NOTE

17 • 단위부궤환제어계

$R(s) \longrightarrow \bigcirc \longrightarrow \boxed{G(s)} \longrightarrow C(s)$

• 전달함수

$$\frac{C(s)}{R(s)} = \frac{G(s)}{1 + G(s)}$$

• 특성방정식

$1 + G(s) = 0$

$1 + $개루프 전달함수$= 0$

18 특수한 경우의 라우스표 작성

제1열의 원소만 0인 경우 0을 미소 양의 실수 ε으로 대치

정답 17. ④ 18. ③

해설 라우스의 표

$$
\begin{array}{c|ccc}
s^5 & 1 & 2 & 11 \\
s^4 & 2 & 4 & 10 \\
s^3 & 0(\varepsilon) & 6 & \\
s^2 & \dfrac{4\varepsilon-12}{\varepsilon} & 10 & \\
s^1 & \dfrac{-10\varepsilon^2+24\varepsilon-72}{4\varepsilon-12} & & \\
s^0 & 10 & &
\end{array}
$$

ε은 미소 양의 실수, $\dfrac{4\varepsilon-12}{\varepsilon}$ 는 음수, $\dfrac{-10\varepsilon^2+24\varepsilon-72}{4\varepsilon-12}$ 는 양수이고 제1열의 부호 변화가 2번 있으므로 우반면에 근이 2개 존재하여 불안정하다.

19 Nyquist 판정법의 설명으로 틀린 것은? [16년 2회 기사]

① 안정성을 판정하는 동시에 안정도를 제시해준다.
② 계의 안정도를 개선하는 방법에 대한 정보를 제시해준다.
③ Nyquist선도는 제어계의 오차응답에 관한 정보를 준다.
④ Routh-Hurwitz 판정법과 같이 계의 안정 여부를 직접 판정해준다.

해설 나이퀴스트선도의 특징
• Routh-Hurwitz 판별법과 같이 계의 안정도에 관한 정보를 제공한다.
• 시스템의 안정도를 개선할 수 있는 방법을 제시한다.
• 시스템의 주파수응답에 대한 정보를 제시한다.
③ 나이퀴스트선도에서 오차응답에 관한 정보를 얻을 수는 없다.

19 • 상대안정도
제어계가 안정하다고 할 때 안정의 정도를 나타낼 수 있는 안정도로 상대안정도를 구하기 위해서는 보드선도 나이퀴스트선도를 이용

• 절대안정도
제어계의 안정도를 단순히 안정·불안정으로만 나타낸 것

20 단위부궤환제어시스템의 루프전달함수 $G(s)H(s)$가 다음과 같이 주어져 있다. 이득여유가 20[dB]이면 이때의 K의 값은? [18년 2회 기사]

$$G(s)H(s) = \frac{K}{(s+1)(s+3)}$$

① $\dfrac{3}{10}$ ② $\dfrac{3}{20}$

③ $\dfrac{1}{20}$ ④ $\dfrac{1}{40}$

해설 이득여유 $GM = 20\log\dfrac{1}{|G(j\omega)H(j\omega)|} = 20\log\dfrac{3}{K}$

$20\log\dfrac{3}{K} = 20\log10$

$\therefore K = \dfrac{3}{10}$

20 이득여유

$$GM = 20\log\frac{1}{|GH|}\,[\text{dB}]$$

정답 19. ③ 20. ①

21 2차 제어계 $G(s)H(s)$의 나이퀴스트선도의 특징이 아닌 것은?

[16년 2회 기사]

① 이득여유는 ∞이다.
② 교차량 $|GH| = 0$이다.
③ 모두 불안정한 제어계이다.
④ 부의 실축과 교차하지 않는다.

해설 2차계의 $G(s)H(s)$의 나이퀴스트선도는 부의 실축과 교차하지 않으므로 $|GH| = 0$이다.

$$\therefore \; 이득여유(GM) = 20\log\frac{1}{|GH|} = 20\log_{10}\frac{1}{0} = \infty\,[\text{dB}]$$

이득여유가 ∞[dB]이라 함은 이론적으로 계가 불안정한 상태에 도달되기까지 이득 K의 값을 무한대로 증대시킬 수 있다는 뜻이다.

22 그림은 제어계와 그 제어계의 근궤적을 작도한 것이다. 이것으로부터 결정된 이득여유값은?

[18년 2회 기사]

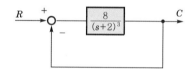

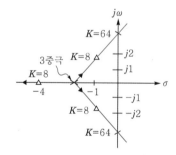

① 2
② 4
③ 8
④ 64

해설 $이득여유(GM) = \dfrac{\text{허수축과의 교차점에서의 } K\text{의 값}}{K\text{의 설계값}}$

근궤적으로부터 허수축과의 교차점 K값은 64이므로 이득여유

$(GM) = \dfrac{64}{8} = 8$이다.

기출 핵심 NOTE

21 2차계의 나이퀴스트선도

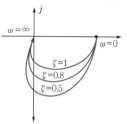

• 부의 실축과 교차하지 않는다.
• 이득여유

$$GM = 20\log\frac{1}{|GH|}\,[\text{dB}]$$

• 부의 실축과 교차하지 않으므로 $|GH| = 0$

• 이득여유 $GM = \infty\,[\text{dB}]$

정답 21. ③ 22. ③

23 주파수응답에 의한 위치제어계의 설계에서 계통의 안정도 척도와 관계가 적은 것은? [16년 1회 기사]

① 공진치　　　　② 위상여유
③ 이득여유　　　　④ 고유주파수

해설 위상여유 $\phi_m > 0$, 이득여유 $g_m > 0$, 위상 교점주파수 $\omega_\pi > 0$, 이득 교점주파수 ω_1의 조건이 만족되어 있으면 제어계는 안정이다. 또한, 공진정점이 너무 커지면 과도응답 시 오버슈트가 커지므로 불안정하게 된다. 하지만 고유주파수$\left(\omega_n = \dfrac{1}{\sqrt{LC}}\right)$는 안정도와는 무관하다.

24 나이퀴스트(nyquist)선도에서의 임계점 $(-1, j0)$에 대응하는 보드선도에서의 이득과 위상은? [16년 1회 기사]

① 1, 0°　　　　② 0, -90°
③ 0, 90°　　　　④ 0, -180°

해설 • 이득 $g = 20\log_{10}|G| = 20\log 1 = 0[\mathrm{dB}]$
• 위상 : $-180°$

25 보드선도에서 이득여유에 대한 정보를 얻을 수 있는 것은? [19년 2회 기사]

① 위상곡선 0°에서의 이득과 0[dB]과의 차이
② 위상곡선 180°에서의 이득과 0[dB]과의 차이
③ 위상곡선 -90°에서의 이득과 0[dB]과의 차이
④ 위상곡선 -180°에서의 이득과 0[dB]과의 차이

해설 위상교차점(-180°)에서의 $GH(j\omega)$의 이득값을 이득여유라 하며, 크기가 [dB]로 음수이면 이득여유는 양수이고 계는 안정하다.

26 다음의 설명 중 틀린 것은? [16년 2회 기사]

① 최소 위상함수는 양의 위상여유이면 안정하다.
② 이득 교차주파수는 진폭비가 1이 되는 주파수이다.
③ 최소 위상함수는 위상여유가 0이면 임계안정하다.
④ 최소 위상함수의 상대안정도는 위상각의 증가와 함께 작아진다.

해설 최소 위상함수의 상대안정도는 위상각이 증가되면 더욱 커지게 된다.

기출 핵심 NOTE

24 나이퀴스트의 임계점 $(-1, j0)$ 보드선도
• 이득 : $g = 20\log_{10}1 = 0[\mathrm{dB}]$
• 위상 : 음의 실수축으로 $-180°$가 된다.

25 보드선도에서 이득곡선이 0[dB]인 점을 지날 때의 주파수에서 양의 위상여유가 생기고 위상곡선이 -180°를 지날 때 양의 이득여유가 생긴다.

정답 23.④ 24.④ 25.④ 26.④

01 근궤적 작도법

기출개념 01 근궤적 작도법

근궤적은 특성방정식의 근, 즉 개루프 전달함수의 극 이동궤적으로 $G(s)H(s)$의 극, 영점과 특성방정식의 근 사이의 관계로부터 근궤적을 그리는 방법은 다음과 같다.

(1) 근궤적의 출발점($K = 0$)

근궤적은 $G(s)H(s)$의 극점으로부터 출발한다.

(2) 근궤적의 종착점($K = \infty$)

근궤적은 $G(s)H(s)$의 영점에서 끝난다.

기·출·개·념 [문제]

근궤적은 $G(s)H(s)$의 (㉠)에서 출발하여 (㉡)에 종착한다. 괄호 안에 알맞은 말은?

08·93 기사

① ㉠ 영점, ㉡ 극점
② ㉠ 극점, ㉡ 영점
③ ㉠ 분지점, ㉡ 극점
④ ㉠ 극점, ㉡ 분지점

[해설] 근궤적은 $G(s)H(s)$의 극점에서 출발하고, $G(s)H(s)$의 영점에서 종착한다. **[답] ②**

---

(3) 근궤적의 개수

N : 근궤적의 개수

z : $G(s)H(s)$의 유한영점(finite zero)의 개수

p : $G(s)H(s)$의 유한극점(finite pole)의 개수

$z > p$이면 $N = z$, $z < p$이면 $N = p$ 근궤적은 $G(s)H(s)$의 극점에서 출발하여 영점에서 끝나므로 **근궤적의 개수는 z와 p 중 큰 것과 일치한다.** 또한 근궤적의 개수는 특성방정식의 차수와 같다.

기·출·개·념 [문제]

$G(s)H(s) = \dfrac{K(s+1)}{s(s+2)(s+3)}$ 에서 근궤적의 수는?

09·01 기사

① 1 ② 2
③ 3 ④ 4

[해설] 영점의 개수 $z = 1$이고, 극점의 개수 $p = 3$이므로 근궤적의 개수는 3개가 된다. **[답] ③**

(4) 근궤적의 대칭성

특성방정식의 근이 실근 또는 공액복소근을 가지므로 근궤적은 실수축에 대하여 대칭이다.

기·출·개·념 문제

근궤적은 무엇에 대하여 대칭인가?   99·95·94·90 기사

① 원점
② 허수축
③ 실수축
④ 대칭성이 없다.

[해설] 근궤적은 실수축에 대칭이다.   **답** ③

---

(5) 근궤적의 점근선

큰 s에 대하여 근궤적은 점근선을 가진다. 이때 점근선의 각도는 다음과 같다.

$$a_k = \frac{(2K+1)\pi}{p-z}$$

여기서, $K=0,\ 1,\ 2,\ \cdots\ (K=p-z$까지)

기·출·개·념 문제

$G(s)H(s) = \dfrac{K(s+1)}{s(s+4)(s^2+2s+2)}$ 로 주어질 때, 특성방정식 $1+G(s)H(s)=0$인 점근선의

각도를 구하면?   06 기사

① 60°, 180°, 300°
② 60°, 120°, 300°
③ 45°, 180°, 310°
④ 45°, 180°, 315°

[해설] 실수축상에서 점근선의 수는 $K=p-z=4-1=3$이므로 점근선의 각 a_k는 다음과 같다.

$$a_k = \frac{(2K+1)\pi}{p-z} \quad (\because\ K=0,\ 1,\ 2)$$

- $K=0$: $\dfrac{(2K+1)\pi}{p-z} = \dfrac{180°}{4-1} = 60°$

- $K=1$: $\dfrac{(2K+1)\pi}{p-z} = \dfrac{540°}{4-1} = 180°$

- $K=2$: $\dfrac{(2K+1)\pi}{p-z} = \dfrac{900°}{4-1} = 300°$ **답** ①

(6) 점근선의 교차점

① 점근선은 실수축상에서만 교차하고 그 수는 $n = p - z$이다.

② 실수축상에서의 점근선의 교차점은 다음과 같이 주어진다.

$$\sigma = \frac{\sum G(s)H(s) \text{의 극점} - \sum G(s)H(s) \text{의 영점}}{p - z}$$

기·출·개·념 문제

$G(s)H(s) = \dfrac{K(s-2)(s-3)}{s^2(s+1)(s+2)(s+4)}$ 에서 점근선의 교차점은 얼마인가? 11·05·04·03·95 기사

① -6 ② -4

③ 6 ④ 4

해설 $\sigma = \dfrac{\sum G(s)H(s) \text{의 극점} - \sum G(s)H(s) \text{의 영점}}{p - z}$

영점의 개수 $z = 2$이고, 극점의 개수 $p = 5$이므로

$= \dfrac{-1-2-4-(2+3)}{5-2}$

$= -\dfrac{12}{3}$

$= -4$

답 ②

---

(7) 실수축상의 근궤적

$G(s)H(s)$의 실극과 실영점으로 실축이 분할될 때 어느 구간에서 오른쪽으로 실축상의 극점과 영점을 헤아려 갈 때 만일 총수가 홀수이면 그 구간에 근궤적이 존재하고, 짝수이면 존재하지 않는다.

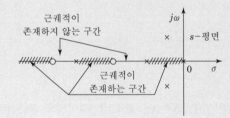

기·출·개·념 **문제**

개루프 전달함수가 다음과 같은 계의 실수축상의 근궤적은 어느 범위인가? **92 기사**

$$G(s)H(s) = \frac{K}{s(s+4)(s+5)}$$

① 0과 -4 사이의 실수축상　　　② -4와 -5 사이의 실수축상

③ -5와 -8 사이의 실수축상　　④ 0과 -4, -5와 $-\infty$ 사이의 실수축상

해설

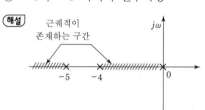

답 ④

(8) 근궤적과 허수축 간의 교차점

　　근궤적이 K의 변화에 따라 허수축을 지나 s평면의 우반평면으로 들어가는 순간은 계의 안정성이 파괴되는 임계점에 해당한다. 이 점에 대응하는 K의 값과 ω는 라우스 －후르비츠의 판별법으로부터 구할 수 있다.

기·출·개·념 **문제**

특성방정식 $s^3 + 9s^2 + 20s + K = 0$에서 허수축과 교차하는 점 s는? **13 기사**

① $s = \pm j\sqrt{20}$　　　　　　② $s = \pm j\sqrt{30}$

③ $s = \pm j\sqrt{40}$　　　　　　④ $s = \pm j\sqrt{50}$

해설 특성방정식 $s^3 + 9s^2 + 20s + K = 0$

라우스(Routh)표

s^3	1	20
s^2	9	K
s^1	$\dfrac{180-K}{9}$	0
s^0	K	

K의 임계값은 s^1의 제1열 요소를 0으로 놓아 얻을 수 있다.

$\dfrac{180-K}{9} = 0$ ∴ $K = 180$

허수축($j\omega$)을 끊은 점에서의 주파수 ω는 보조방정식 $9s^2 + K = 0$에서 $K = 180$을 대입하면 $9s^2 + 180 = 0$

∴ $s = \pm j\sqrt{20}$

답 ①

(9) 실수축상에서의 분지점(이탈점)

주어진 계의 특성방정식을 다음 식과 같이 쓸 수 있다.

$$K = f(s)$$

여기서, $f(s)$: K를 포함하지 않는 s의 함수

근궤적상의 분지점(실수와 복소수)은 K를 s에 관하여 미분하고, 이것을 0으로 놓아 얻는 방정식의 근이다. 즉, 분지점은 $\dfrac{dK}{ds} = 0$인 조건을 만족하는 s의 근을 의미한다.

기·출·개·념 문제

$G(s)H(s) = \dfrac{K}{s(s+1)(s+4)}$ 의 $K \geq 0$에서의 분지점(break away point)은?   **14 기사**

① -2.867 ② 2.867

③ -0.467 ④ 0.467

[해설] 이 계의 특성방정식은 다음과 같다.

$$1 + G(s)H(s) = 1 + \frac{K}{s(s+1)(s+4)} = 0$$

$$\frac{s(s+1)(s+4) + K}{s(s+1)(s+4)} = 0, \quad s^3 + 5s^2 + 4s + K = 0$$

$$\therefore \ K = -(s^3 + 5s^2 + 4s)$$

s에 관하여 미분하면 $\dfrac{dK}{ds} = -(3s^2 + 10s + 4) = 0$

$$\therefore \ s = \frac{-5 \pm \sqrt{5^2 - 3 \times 4}}{3} = \frac{-5 \pm \sqrt{13}}{3}$$

그러나 근궤적의 범위가 $0 \sim -1$, $-4 \sim -\infty$ 이므로

$s = \dfrac{-5 - \sqrt{13}}{3}$ 은 근궤적점이 될 수 없으므로 $s = \dfrac{-5 + \sqrt{13}}{3} = -0.467$이 분지점이 된다.

답 ③

이런 문제가 시험에 나온다!

단원 최근 빈출문제

01 폐루프 전달함수 $\dfrac{G(s)}{1+G(s)H(s)}$의 극의 위치를 개루프 전달함수 $G(s)H(s)$의 이득상수 K의 함수로 나타내는 기법은?

[19년 2회 기사]

① 근궤적법
② 보드선도법
③ 이득선도법
④ Nyquist 판정법

해설 근궤적법은 개루프 전달함수의 이득정수 K를 0에서 ∞까지 변화시킬 때 특성방정식의 근, 즉 개루프 전달함수의 극 이동궤적을 말한다.

01 근궤적법
특성방정식의 근의 움직임으로 제어계의 안정도를 판별하는 방법이다.

02 $G(s)H(s)=\dfrac{K}{s(s+4)(s+5)}$에서 근궤적의 개수는?

[15년 1회 기사]

① 1
② 2
③ 3
④ 4

해설 • 영점의 개수 $z=0$
• 극점의 개수 $p=3$
∴ 근궤적의 개수는 z와 p 중 큰 것과 일치하므로 3개가 된다.

02 근궤적의 수
개루프 전달함수 $G(s)H(s)$의 영점의 개수 z와 극점의 개수 p 중 큰 것과 일치한다.

03 전달함수 $G(s)H(s)=\dfrac{K(s+1)}{s(s+1)(s+2)}$일 때 근궤적의 수는?

[17년 2회 기사]

① 1
② 2
③ 3
④ 4

해설 영점의 개수 $z=1$이고, 극점의 개수 $p=3$이므로 근궤적의 개수는 3개가 된다.

04 $G(s)H(s)=\dfrac{K(s+1)}{s^2(s+2)(s+3)}$에서 근궤적의 수는?

[16년 1회 기사]

① 1
② 2
③ 3
④ 4

04 근궤적의 수
z와 p 중 큰 것과 일치한다.

정답 01. ① 02. ③ 03. ③ 04. ④

해설 • 근궤적의 개수는 z와 p 중 큰 것과 일치한다.
• 영점의 개수 $z=1$, 극점의 개수 $p=4$
∴ 근궤적의 개수는 극점의 개수인 4개이다.

---

05 근궤적에 대한 설명 중 옳은 것은?   [16년 3회 기사]

① 점근선은 허수축에서만 교차된다.
② 근궤적이 허수축을 끊는 K의 값은 일정하다.
③ 근궤적은 절대안정도 및 상대안정도와 관계가 없다.
④ 근궤적의 개수는 극점의 수와 영점의 수 중에서 큰 것과 일치한다.

해설 **근궤적의 작도법**
• 점근선은 실수축상에서만 교차하고 그 수는 $N=p-z$이다.
• 근궤적이 K의 변화에 따라 허수축을 지나 s평면의 우반평면으로 들어가는 순간은 계의 안정성이 파괴되는 임계점에 해당된다. 즉, K의 값은 일정하지 않다.
• 근궤적은 절대안정도와 상대안정도 모두를 제공해준다. 따라서 보다 안정된 설계를 할 수 있다.

---

06 개루프 전달함수 $G(s)H(s)$가 다음과 같이 주어지는 부궤환계에서 근궤적 점근선의 실수축과의 교차점은?   [18년 3회 기사]

$$G(s)H(s) = \frac{K}{s(s+4)(s+5)}$$

① 0   ② -1
③ -2 ④ -3

해설 실수축상에서의 점근선의 교차점
$$\sigma = \frac{\sum G(s)H(s)\text{의 극점} - \sum G(s)H(s)\text{의 영점}}{p-z}$$
$$= \frac{0-4-5}{3-0}$$
$$= -3$$

---

07 $G(s)H(s) = \dfrac{K(s-1)}{s(s+1)(s-4)}$ 에서 점근선의 교차점을 구하면?   [19년 1회 기사]

① -1 ② 0
③ 1   ④ 2

🔍 **기출 핵심 NOTE**

05 • 절대안정도
안정도를 안정·불안정으로 나타낸 것
• 상대안정도
안정의 정도를 나타낼 수 있는 안정도

06 • 점근선의 교차점
$$\sigma = \frac{\sum \text{극점} - \sum \text{영점}}{p-z}$$
• 영점
$G(s)H(s)$의 분자=0의 근
• 극점
$G(s)H(s)$의 분모=0의 근

07 • z
$G(s)H(s)$의 영점의 개수
• p
$G(s)H(s)$의 극점의 개수

● 정답 05. ④ 06. ④ 07. ③

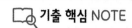
해설 실수축상에서의 점근선의 교차점

$$\sigma = \frac{\sum G(s)H(s)의\ 극점 - \sum G(s)H(s)의\ 영점}{p-z}$$

$$= \frac{(0-1+4)-(1)}{3-1}$$

$$= 1$$

08 $G(s)H(s) = \dfrac{K(s+1)}{s^2(s+2)(s+3)}$ 에서 점근선의 교차점을 구하면?

[16년 3회 기사]

① $-\dfrac{5}{6}$ ② $-\dfrac{1}{5}$

③ $-\dfrac{4}{3}$ ④ $-\dfrac{1}{3}$

해설 $\sigma = \dfrac{\sum G(s)H(s)의\ 극점 - \sum G(s)H(s)의\ 영점}{p-z}$

$$= \frac{(0-2-3)-(-1)}{4-1}$$

$$= -\frac{4}{3}$$

09 다음 중 개루프 전달함수 $G(s)H(s) = \dfrac{K(s-5)}{s(s-1)^2(s+2)^2}$

일 때 주어지는 계에서 점근선의 교차점은? [18년 1회 기사]

① $-\dfrac{3}{2}$ ② $-\dfrac{7}{4}$

③ $\dfrac{5}{3}$ ④ $-\dfrac{1}{5}$

해설 $\sigma = \dfrac{\sum G(s)H(s)의\ 극점 - \sum G(s)H(s)의\ 영점}{p-z}$

$$= \frac{\{0+1+1+(-2)+(-2)\}-5}{5-1}$$

$$= -\frac{7}{4}$$

10 근궤적이 s평면의 $j\omega$과 교차할 때 폐루프의 제어계는?

[17년 1회 기사]

① 안정하다. ② 알 수 없다.
③ 불안정하다. ④ 임계상태이다.

해설 근궤적이 K의 변화에 따라 허수축을 지나 s평면의 우반평면으로 들어가는 순간은 계의 안정성이 파괴되는 임계점에 해당한다.

10 근궤적이 허수축과 교차
- 임계상태
- $\delta = 0$
- 무제동

정답 08. ③ 09. ② 10. ④

11 근궤적에 관한 설명으로 틀린 것은? [19년 3회 기사]

① 근궤적은 실수축에 대하여 상하 대칭으로 나타난다.

② 근궤적의 출발점은 극점이고, 근궤적의 도착점은 영점이다.

③ 근궤적의 가지수는 극점의 수와 영점의 수 중에서 큰 수와 같다.

④ 근궤적이 s평면의 우반면에 위치하는 K의 범위는 시스템이 안정하기 위한 조건이다.

해설 근궤적이 s평면 좌반면에 위치하는 K의 범위는 시스템이 안정하기 위한 조건이다.

🔍 **기출 핵심** NOTE

11 근궤적법
• 근궤적은 실수축에 대칭
• 근궤적은 극점에서 출발, 영점에 종착
• 근궤적의 수 z와 p 중 큰 것과 일치

정답 11. ④

출제비율

기 사

12.0%

기출개념 01 상태방정식

(1) 상태방정식

계통방정식이 n차 미분방정식일 때 이것을 n개의 1차 미분방정식으로 바꾸어서 행렬을 이용하여 표현한 것을 상태방정식이라 한다.

$$\boxed{\begin{aligned} &\text{상태방정식} : \dot{x}(t) = \boldsymbol{A}\,x(t) + \boldsymbol{B}r(t) \\ &\text{여기서, } \boldsymbol{A} : \text{시스템행렬} \\ &\qquad\quad \boldsymbol{B} : \text{제어행렬} \end{aligned}}$$

(2) 상태방정식을 구하는 방법

미분방정식에서 상태방정식을 구하는 방법을 설명하면

미분방정식 $\dfrac{d^3 c(t)}{dt^3} + 3\dfrac{d^2 c(t)}{dt^2} + 2\dfrac{dc(t)}{dt} + c(t) = r(t)$

상태변수

$\quad x_1(t) = c(t)$

$\quad x_2(t) = \dfrac{dc(t)}{dt}$

$\quad x_3(t) = \dfrac{d^2 c(t)}{dt^2}$

상태방정식

$\quad \dot{x}_1(t) = x_2(t)$

$\quad \dot{x}_2(t) = x_3(t)$

$\quad \dot{x}_3(t) = -x_1(t) - 2x_2(t) - 3x_3(t) + r(t)$

$\therefore \begin{bmatrix} \dot{x}_1(t) \\ \dot{x}_2(t) \\ \dot{x}_3(t) \end{bmatrix} = \begin{bmatrix} 0 & 1 & 0 \\ 0 & 0 & 1 \\ -1 & -2 & -3 \end{bmatrix} \begin{bmatrix} x_1(t) \\ x_2(t) \\ x_3(t) \end{bmatrix} + \begin{bmatrix} 0 \\ 0 \\ 1 \end{bmatrix} r(t)$

$\dot{x}(t) = \boldsymbol{A}x(t) + \boldsymbol{B}r(t)$

• 시스템(계수)행렬 $\boldsymbol{A} = \begin{bmatrix} 0 & 1 & 0 \\ 0 & 0 & 1 \\ -1 & -2 & -3 \end{bmatrix}$

• 제어행렬 $\boldsymbol{B} = \begin{bmatrix} 0 \\ 0 \\ 1 \end{bmatrix}$

1. $\dfrac{d^2x}{dt^2} + \dfrac{dx}{dt} + 2x = 2u$ 의 상태변수를 $x_1 = x$, $x_2 = \dfrac{dx}{dt}$ 라 할 때, 시스템 매트릭스(system matrix)는?

14·00·95 기사

① $\begin{bmatrix} 0 & 2 \\ 1 & 1 \end{bmatrix}$

② $\begin{bmatrix} 0 & 1 \\ -2 & -2 \end{bmatrix}$

③ $\begin{bmatrix} 0 & 1 \\ -2 & -1 \end{bmatrix}$

④ $\begin{bmatrix} 0 \\ 2 \end{bmatrix}$

해설 • 상태변수

$$x_1 = x$$

$$x_2 = \frac{dx}{dt}$$

• 상태방정식

$$\dot{x_1} = x_2$$

$$\dot{x_2} = -2x - \frac{dx}{dt} + 2u = -2x_1 - x_2 + 2u$$

$$\begin{bmatrix} \dot{x_1} \\ \dot{x_2} \end{bmatrix} = \begin{bmatrix} 0 & 1 \\ -2 & -1 \end{bmatrix} \begin{bmatrix} x_1 \\ x_2 \end{bmatrix} + \begin{bmatrix} 0 \\ 1 \end{bmatrix} u$$

∴ 시스템 매트릭스 $A = \begin{bmatrix} 0 & 1 \\ -2 & -1 \end{bmatrix}$

답 ③

2. 다음 방정식으로 표시되는 제어계가 있다. 이 계를 상태방정식 $\dot{x}(t) = A x(t) + B r(t)$ 로 나타내면 계수행렬 A 는 어떻게 되는가?

07·03·89·83 기사

$$\frac{d^3c(t)}{dt^3} + 5\frac{d^2c(t)}{dt^2} + \frac{dc(t)}{dt} + 2c(t) = r(t)$$

① $\begin{bmatrix} 0 & 1 & 0 \\ 0 & 0 & 1 \\ -2 & -1 & -5 \end{bmatrix}$

② $\begin{bmatrix} 0 & 0 & 1 \\ 1 & 0 & 0 \\ 5 & 1 & 2 \end{bmatrix}$

③ $\begin{bmatrix} 0 & 0 & 1 \\ 1 & 0 & 0 \\ 0 & 5 & 2 \end{bmatrix}$

④ $\begin{bmatrix} 0 & 1 & 0 \\ 1 & 0 & 0 \\ -2 & -1 & 0 \end{bmatrix}$

해설 • 상태변수

$$x_1(t) = c(t)$$

$$x_2(t) = \frac{dc(t)}{dt} = \frac{dx_1(t)}{dt} = \dot{x_1}(t)$$

$$x_3(t) = \frac{d^2c(t)}{dt^2} = \frac{dx_2(t)}{dt} = \dot{x_2}(t)$$

• 상태방정식

$$\dot{x_3}(t) = -2x_1(t) - x_2(t) - 5x_3(t) + r(t)$$

$$\therefore \begin{bmatrix} \dot{x_1}(t) \\ \dot{x_2}(t) \\ \dot{x_3}(t) \end{bmatrix} = \begin{bmatrix} 0 & 1 & 0 \\ 0 & 0 & 1 \\ -2 & -1 & -5 \end{bmatrix} \begin{bmatrix} x_1(t) \\ x_2(t) \\ x_3(t) \end{bmatrix} + \begin{bmatrix} 0 \\ 0 \\ 1 \end{bmatrix} r(t)$$

답 ①

기출 **02** 상태공간에서의 전달함수
개념

상태방정식 : $\dot{x}(t) = \dfrac{dx(t)}{dt} = \boldsymbol{A}x(t) + \boldsymbol{B}u(t)$

출력방정식 : $y(t) = \boldsymbol{C}x(t) + \boldsymbol{D}u(t)$ (일반적으로 외란행렬 D는 잘 사용되지 않는다.)

양변을 라플라스 변환하면

$sX(s) = \boldsymbol{A}X(s) + \boldsymbol{B}U(s) \quad (SI - A)X(s) = BU(s) \quad X(s) = (SI - A)^{-1}BU(s)$

$Y(s) = \boldsymbol{C}X(s)$

$\qquad = \boldsymbol{C}(s\boldsymbol{I} - \boldsymbol{A})^{-1}\boldsymbol{B}U(s)$

$\therefore$ 전달함수 $G(s) = \dfrac{Y(s)}{U(s)} = \boldsymbol{C}(s\boldsymbol{I} - \boldsymbol{A})^{-1}\boldsymbol{B}$

기·출·개·념 **문제**

상태공간 표현식 $\begin{cases} \dot{x} = Ax + Bu \\ y = Cx \end{cases}$ 로 표현되는 선형 시스템에서 $A = \begin{bmatrix} 0 & 1 & 0 \\ 0 & 0 & 1 \\ -2 & -9 & -8 \end{bmatrix}$, $B = \begin{bmatrix} 0 \\ 0 \\ 5 \end{bmatrix}$,

$C = [1\ 0\ 0]$, $D = 0$, $x = \begin{bmatrix} x_1 \\ x_2 \\ x_3 \end{bmatrix}$ 이면 시스템 전달함수 $\dfrac{Y(s)}{U(s)}$ 는?   `19 기사`

① $\dfrac{1}{s^3 + 8s^2 + 9s + 2}$

② $\dfrac{1}{s^3 + 2s^2 + 9s + 8}$

③ $\dfrac{5}{s^3 + 8s^2 + 9s + 2}$

④ $\dfrac{5}{s^3 + 2s^2 + 9s + 8}$

해설 $\begin{bmatrix} \dot{x_1}(t) \\ \dot{x_2}(t) \\ \dot{x_3}(t) \end{bmatrix} = \begin{bmatrix} 0 & 1 & 0 \\ 0 & 0 & 1 \\ -2 & -9 & -8 \end{bmatrix} \begin{bmatrix} x_1(t) \\ x_2(t) \\ x_3(t) \end{bmatrix} + \begin{bmatrix} 0 \\ 0 \\ 5 \end{bmatrix} u(t)$

$\dfrac{d^3x(t)}{dt^3} + 8\dfrac{d^2x(t)}{dt^2} + 9\dfrac{dx(t)}{dt} + 2x(t) = 5u(t)$

$(s^3 + 8s^2 + 9s + 2)X(s) = 5U(s)$

$X(s) = \dfrac{5U(s)}{s^3 + 8s^2 + 9s + 2}$

출력 $Y(s) = CX(s) = X(s)$

$\qquad = \dfrac{5U(s)}{s^3 + 8s^2 + 9s + 2}$

$\therefore$ 전달함수 : $\dfrac{Y(s)}{U(s)} = \dfrac{X(s)}{U(s)}$

$\qquad\qquad\quad = \dfrac{5}{s^3 + 8s^2 + 9s + 2}$ **답** ③

기출개념 03 상태천이행렬

상태천이행렬은 선형 제차 상태방정식을 만족하는 행렬로 정의한다.

$$\dot{x}(t) = \boldsymbol{A}x(t)$$

이 제차 상태방정식의 해는 다음과 같다.

$$x(t) = \Phi(t)x(0)$$

여기서, $\Phi(t)$: 상태천이행렬

$x(0)$: $t = 0$에서 초기상태

상태천이행렬 $\Phi(t)$를 구하는 방법은 다음과 같다.

(1) 라플라스 변환을 이용한 방법

$$\dot{x}(t) = \boldsymbol{A}x(t)$$

양변을 라플라스 변환하면 다음과 같다.

$$s\boldsymbol{X}(s) - x(0) = \boldsymbol{A}\boldsymbol{X}(s)$$

$$(s\boldsymbol{I} - \boldsymbol{A})\boldsymbol{X}(s) = x(0)$$

$$\boldsymbol{X}(s) = (s\boldsymbol{I} - \boldsymbol{A})^{-1}x(0)$$

$$x(t) = \mathcal{L}^{-1}[(s\boldsymbol{I} - \boldsymbol{A})^{-1}]x(0)$$

$$= \Phi(t)x(0)$$

$$\boxed{\therefore\ \Phi(t) = \mathcal{L}^{-1}[(s\boldsymbol{I} - \boldsymbol{A})^{-1}]}$$

(2) 고전적인 방법

$\dot{x}(t) = \boldsymbol{A}x(t)$의 해를 다음과 같이 가정한다.

$$x(t) = e^{At}x(0)$$

이것을 본 식에 대입하여 해임을 증명하면

$$\dot{x}(t) = \boldsymbol{A}e^{At}x(0)$$

$$\boldsymbol{A}x(t) = \boldsymbol{A}e^{At}x(0)$$

그러므로 가정한 해는 본 식의 해이다.

$$x(t) = e^{At}x(0)$$

$$= \Phi(t)x(0)$$

$$\boxed{\therefore\ \Phi(t) = e^{At} = \boldsymbol{I} + \boldsymbol{A}t + \frac{1}{2!}\boldsymbol{A}^2 t^2 + \cdots}$$

(3) 상태천이행렬의 성질

① $\Phi(0) = I$

② $\Phi^{-1}(t) = \Phi(-t)$

③ $[\Phi(t)]^k = \Phi(kt)$

기·출·개·념 문제

1. 천이행렬(transition matrix)에 관한 서술 중 옳지 않은 것은? (단, $\dot{x} = Ax + Bu$ 이다.)

01·83·82 기사

① $\varPhi(t) = e^{At}$

② $\varPhi(t) = \mathcal{L}^{-1}[sI - A]$

③ 천이행렬은 기본행렬(fundamental matrix)이라고도 한다.

④ $\varPhi(s) = [sI - A]^{-1}$

해설 상태천이행렬

$$\varPhi(t) = \mathcal{L}^{-1}[sI - A]^{-1}$$

답 ②

2. 다음 상태방정식으로 표시되는 제어계의 천이행렬 $\varPhi(t)$는?

00·98 기사

$$\dot{x} = \begin{bmatrix} 0 & 1 \\ 0 & 0 \end{bmatrix} x + \begin{bmatrix} 0 \\ 1 \end{bmatrix} u$$

① $\begin{bmatrix} 0 & t \\ 1 & 1 \end{bmatrix}$

② $\begin{bmatrix} 0 & 1 \\ 0 & t \end{bmatrix}$

③ $\begin{bmatrix} 1 & t \\ 0 & 1 \end{bmatrix}$

④ $\begin{bmatrix} 0 & t \\ 1 & 0 \end{bmatrix}$

해설 $[sI - A] = \begin{bmatrix} s & 0 \\ 0 & s \end{bmatrix} - \begin{bmatrix} 0 & 1 \\ 0 & 0 \end{bmatrix} = \begin{bmatrix} s & -1 \\ 0 & s \end{bmatrix}$

$[sI - A]^{-1} \dfrac{1}{\begin{vmatrix} s & -1 \\ 0 & s \end{vmatrix}} \begin{bmatrix} s & 1 \\ 0 & s \end{bmatrix} = \begin{bmatrix} \dfrac{1}{s} & \dfrac{1}{s^2} \\ 0 & \dfrac{1}{s} \end{bmatrix}$

∴ 상태천이행렬 $\varPhi(t) = \mathcal{L}^{-1}[sI - A]^{-1}$

$$= \mathcal{L}^{-1} \begin{bmatrix} \dfrac{1}{s} & \dfrac{1}{s^2} \\ 0 & \dfrac{1}{s} \end{bmatrix} = \begin{bmatrix} 1 & t \\ 0 & 1 \end{bmatrix}$$

답 ③

3. State transition matrix(상태천이행렬) $\varPhi(t) = e^{At}$ 에서 $t = 0$의 값은?

03·00·94 기사

① e

② I

③ e^{-1}

④ 0

해설 $\varPhi(t) = e^{At} = I + At + \dfrac{1}{2!}A^2 t^2 + \cdots$

$t = 0$에서의 $\phi(0) = I$

답 ②

기출개념 04 특성방정식

(1) 미분방정식의 관점

$$\dddot{c}(t) + a_3\ddot{c}(t) + a_2\dot{c}(t) + a_1 c(t) = r(t)$$

와 같은 3차 미분방정식이 있을 때 특성방정식은 초기조건과 제차부분을 0으로 놓고 양변을 라플라스 변환함으로써 얻는다.

$$(s^3 + a_3 s^2 + a_2 s + a_1)c(s) = 0$$
$$\therefore \ s^3 + a_3 s^2 + a_2 s + a_1 = 0$$

(2) 전달함수의 관점

$$\frac{C(s)}{R(s)} = \frac{1}{s^3 + a_3 s^2 + a_2 s + a_1}$$

특성방정식은 전달함수의 분모를 0으로 놓아 얻는다.

$$\therefore \ s^3 + a_3 s^2 + a_2 s + a_1 = 0$$

(3) 공간상태 변수법의 관점

$$G(s) = C(sI - A)^{-1}B$$
$$= C\frac{adj(sI-A)}{|sI-A|}B$$
$$= \frac{C[adj(sI-A)]B}{|sI-A|}$$

전달함수의 분모를 0으로 놓아 **특성방정식**을 얻으면

$$\therefore \ |sI - A| = 0$$

특성방정식의 근을 고유값이라 한다.

기·출·개·념 문제

상태방정식 $\dot{x} = Ax + Bu$에서 $A = \begin{bmatrix} 0 & 1 \\ -2 & -3 \end{bmatrix}$일 때, 특성방정식의 근은? **09·07·04·83 기사**

① $-2, \ -3$
② $-1, \ -2$
③ $-1, \ -3$
④ $1, \ -3$

해설 $|sI - A| = \begin{vmatrix} s & -1 \\ 2 & s+3 \end{vmatrix}$

$= s(s+3) + 2 = s^2 + 3s + 2 = 0$

$(s+1)(s+2) = 0$

$\therefore \ s = -1, \ -2$

답 ②

기출개념 05 z 변환

┃ 샘플러 ┃

여기서, $r(t)$: 연속치 신호

　　　　$r^*(t)$: 이산화된 신호

　　　　T : 샘플러가 닫히는 시간간격(샘플링 주기)

- z변환의 정의식

$$R(z) = z[r(kT)] = \sum_{k=0}^{\infty} r(kT)z^{-k}$$

여기서, $k = 0,\ 1,\ 2,\ 3,\ \cdots$

① 단위 계단 함수 $u(t) = 1$의 z변환

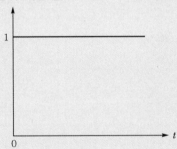
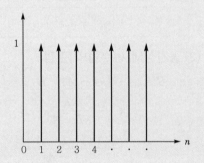

$r(kT) = 1$이므로

$R(z) = z[r(kT)]$

$$= \sum_{k=0}^{\infty} r(kT)z^{-k}$$

$$= \sum_{k=0}^{\infty} 1 \cdot z^{-k}(k = 0,\ 1,\ 2,\ 3,\ 4, \cdots)$$

$$= 1 + z^{-1} + z^{-2} + z^{-3} + z^{-4} + \cdots$$

$$= \frac{1}{1 - z^{-1}} = \frac{z}{z-1}$$

② 지수 감쇠 함수 e^{-at}의 z변환

$r(kT) = e^{-akT}$이므로

$$R(z) = z[r(kT)] = \sum_{k=0}^{\infty} r(kT)z^{-k}$$

$$= \sum_{k=0}^{\infty} e^{-akT} \cdot z^{-k}(k = 0,\ 1,\ 2,\ 3,\ 4, \cdots)$$

$$= 1 + e^{-aT}z^{-1} + e^{-2aT}z^{-2} + e^{-3aT}z^{-3} + \cdots$$

$$= \frac{1}{1 - e^{-aT}z^{-1}} = \frac{z}{z - e^{-aT}}$$

기출 개념 06   기본 함수의 z 변환표

시간 함수	s 변환	z 변환
단위 임펄스 함수 $\delta(t)$	1	1
단위 계단 함수 $u(t)$	$\dfrac{1}{s}$	$\dfrac{z}{z-1}$
단위 램프 함수 t	$\dfrac{1}{s^2}$	$\dfrac{Tz}{(z-1)^2}$
지수 감쇠 함수 e^{-at}	$\dfrac{1}{s+a}$	$\dfrac{z}{z-e^{-aT}}$
지수 감쇠 램프 함수 te^{-at}	$\dfrac{1}{(s+a)^2}$	$\dfrac{Tze^{-aT}}{(z-e^{-aT})^2}$
정현파 함수 $\sin\omega t$	$\dfrac{\omega}{s^2+\omega^2}$	$\dfrac{z\sin\omega T}{z^2-2z\cos\omega T+1}$
여현파 함수 $\cos\omega t$	$\dfrac{s}{s^2+\omega^2}$	$\dfrac{z(z-\cos\omega T)}{z^2-2z\cos\omega T+1}$
$1-e^{-at}$	$\dfrac{a}{s(s+a)}$	$\dfrac{(1-e^{-aT})z}{(z-1)(z-e^{-aT})}$

기·출·개·념 문제

1. 단위 계단 함수의 라플라스 변환과 z변환 함수는?   14·98·93 기사

① $\dfrac{1}{s}$, $\dfrac{1}{z}$

② s, $\dfrac{z}{1-z}$

③ $\dfrac{1}{s}$, $\dfrac{z}{z-1}$

④ s, $\dfrac{1}{z-1}$

해설 단위 계단 함수 $u(t)=1$

라플라스 변환 : $\mathcal{L}[u(t)]=\dfrac{1}{s}$

z변환 : $R(z)=z[u(t)]=\displaystyle\sum_{k=0}^{\infty}1\cdot z^{-k}=\dfrac{z}{z-1}$ **답** ③

2. 시간 함수 $f(t)=\sin\omega t$의 z변환은? (단, T는 샘플링 주기이다.)   20 기사

① $\dfrac{z\sin\omega T}{z^2+2z\cos\omega T+1}$

② $\dfrac{z\sin\omega T}{z^2-2z\cos\omega T+1}$

③ $\dfrac{z\cos\omega T}{z^2-2z\sin\omega T+1}$

④ $\dfrac{z\cos\omega T}{z^2+2z\sin\omega T+1}$

해설 정현파 함수 $f(t)=\sin\omega t$

z변환 : $F(z)=\dfrac{z\sin\omega T}{z^2-2z\cos\omega T+1}$ **답** ②

기출개념 07 z 변환의 중요한 정리

(1) 가감산

$$r_1(kT) \pm r_2(kT) = R_1(z) \pm R_2(z)$$

(2) 실합성(real convolution)

$$f_1(k) \times f_2(k) = F_1(z)F_2(z)$$

(3) 복소추이

$$e^{-akT}r(kT) = R(ze^{aT})$$

(4) 초기값 정리

$$\lim_{k \to 0} r(kT) = \lim_{z \to \infty} R(z)$$

(5) 최종값 정리

$$\lim_{k \to \infty} r(kT) = \lim_{z \to 1}(1 - z^{-1})R(z) = \lim_{z \to 1}\left(1 - \frac{1}{z}\right)R(z)$$

기·출·개·념 문제

1. $e(t)$의 초기값은 $e(t)$의 z변환을 $E(z)$라 했을 때, 다음 어느 방법으로 얻어지는가?

15·99·94·90·85 기사

① $\lim\limits_{z \to 0} z E(z)$ 　　　　　　② $\lim\limits_{z \to 0} E(z)$

③ $\lim\limits_{z \to \infty} z E(z)$ 　　　　　　④ $\lim\limits_{z \to \infty} E(z)$

[해설] 초기값 정리 $\lim\limits_{t \to 0} e(t) = \lim\limits_{z \to \infty} E(z)$　　　　**답** ④

2. 다음 중 z변환에서 최종치 정리를 나타낸 것은? 　　　**09 기사**

① $x(0) = \lim\limits_{z \to \infty} X(z)$

② $x(0) = \lim\limits_{z \to 0} X(z)$

③ $x(\infty) = \lim\limits_{z \to 1}(1 - z)X(z)$

④ $x(\infty) = \lim\limits_{z \to 1}(1 - z^{-1})X(z)$

[해설] 최종치 정리 $\lim\limits_{k \to \infty} x(kT) = \lim\limits_{z \to 1}(1 - z^{-1})X(z)$　　　　**답** ④

기출개념 08 역 z 변환

역 z 변환은 부분 분수를 이용하며 $\dfrac{R(z)}{z}$ 의 형태를 이용하여 구한다.

$R(z) = \dfrac{2z}{(z-1)(z-2)}$ 의 역 z 변환

역 z 변환은 $\dfrac{R(z)}{z}$ 의 형태를 이용하여 부분 분수 전개하면

$$\frac{R(z)}{z} = \frac{2}{(z-1)(z-2)} = \frac{k_1}{z-1} + \frac{k_2}{z-2}$$

여기서, $k_1 = \dfrac{2}{z-2}\Big|_{z=1} = -2$

$k_2 = \dfrac{2}{z-1}\Big|_{z=2} = 2$

$$\frac{R(z)}{z} = \frac{-2}{z-1} + \frac{2}{z-2}$$

$$R(z) = \frac{-2z}{z-1} + \frac{2z}{z-2}$$

$$\therefore r(t) = -2u(t) + 2u(2t)$$

기·출·개·념 문제

$R(z) = \dfrac{(1-e^{-aT})z}{(z-1)(z-e^{-aT})}$ 의 역변환은?

19 기사

① te^{at}　　　② te^{-at}

③ $1-e^{-at}$　　　④ $1+e^{-at}$

[해설] $\dfrac{R(z)}{z}$ 형태로 부분 분수 전개하면

$$\frac{R(z)}{z} = \frac{(1-e^{-aT})}{(z-1)(z-e^{-aT})}$$

$$= \frac{k_1}{z-1} + \frac{k_2}{z-e^{-aT}}$$

$k_1 = \lim_{z \to 1} \dfrac{1-e^{-aT}}{z-e^{-aT}} = 1$

$k_2 = \lim_{z \to e^{-aT}} \dfrac{1-e^{-aT}}{z-1} = -1$

$$\frac{R(z)}{z} = \frac{1}{z-1} - \frac{1}{z-e^{-aT}}$$

$$R(z) = \frac{z}{z-1} - \frac{z}{z-e^{-aT}}$$

$$\therefore r(t) = 1-e^{-at}$$

답 ③

기출
개념 **09** **복소(s)평면과 z 평면과의 관계**

z변환과 라플라스 변환과의 관계 $z = e^{Ts}$, $Ts = \ln z$, $s = \dfrac{1}{T}\ln z$

z변환은 라플라스 s 대신 $\dfrac{1}{T}\ln z$를 대입한 것으로 s평면과 z평면과의 관계는 다음과 같다.

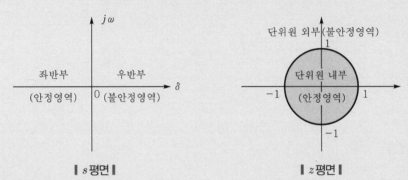

‖s평면‖   ‖z평면‖

z변환법을 사용한 샘플값제어계의 해석에서는 그 제어계가 안정되기 위해서는 제어계의 z변환 특성방정식 $1 + GH(z) = 0$의 근이 $|z| = 1$인 단위원 내에만 존재하여야 하고, 이들 특성근이 하나라도 $|z| = 1$의 단위원 밖에 위치하면 불안정한 계를 이룬다. 또한 단위원 주상에 위치할 때는 임계안정을 나타낸다.

기·출·개·념 **문제**

z변환법을 사용한 샘플값제어계가 안정하려면 $1 + GH(z) = 0$의 근의 위치는?

15·13·08·95·89 기사

① z평면의 좌반면에 존재하여야 한다.
② z평면의 우반면에 존재하여야 한다.
③ $|z| = 1$인 단위원 내에 존재하여야 한다.
④ $|z| = 1$인 단위원 밖에 존재하여야 한다.

(해설) **z변환법을 사용한 샘플값제어계 해석**
• s평면의 좌반평면(안정) : 특성근이 z평면의 원점에 중심을 둔 단위원 내부
• s평면의 우반평면(불안정) : 특성근이 z평면의 원점에 중심을 둔 단위원 외부
• s평면의 허수축상(임계안정) : 특성근이 z평면의 원점에 중심을 둔 단위원 원주상   **답** ③

01 다음 방정식으로 표시되는 제어계가 있다. 이 계를 상태 방정식 $\dot{x}(t) = Ax(t) + Bu(t)$로 나타내면 계수행렬 A는?

[18년 1회 기사]

$$\frac{d^3 c(t)}{dt^3} + 5\frac{d^2 c(t)}{dt^2} + \frac{dc(t)}{dt} + 2c(t) = r(t)$$

① $\begin{bmatrix} 0 & 1 & 0 \\ 0 & 0 & 1 \\ -2 & -1 & -5 \end{bmatrix}$ ② $\begin{bmatrix} 0 & 1 & 0 \\ 1 & 0 & 0 \\ 5 & 1 & 2 \end{bmatrix}$

③ $\begin{bmatrix} 0 & 0 & 1 \\ 1 & 0 & 0 \\ 0 & 5 & 2 \end{bmatrix}$ ④ $\begin{bmatrix} 0 & 1 & 0 \\ 0 & 0 & 1 \\ -2 & -1 & 0 \end{bmatrix}$

해설 • 상태변수

$x_1(t) = c(t)$

$x_2(t) = \dfrac{dc(t)}{dt} = \dfrac{dx_1(t)}{dt} = \dot{x}_1(t)$

$x_3(t) = \dfrac{d^2 c(t)}{dt^2} = \dfrac{dx_2(t)}{dt^2} = \dot{x}_2(t)$

• 상태방정식

$\dot{x}_3(t) = -2x_1(t) - x_2(t) - 5x_3(t) + r(t)$

$\therefore \begin{bmatrix} \dot{x}_1(t) \\ \dot{x}_2(t) \\ \dot{x}_3(t) \end{bmatrix} = \begin{bmatrix} 0 & 1 & 0 \\ 0 & 0 & 1 \\ -2 & -1 & -5 \end{bmatrix} \begin{bmatrix} x_1(t) \\ x_2(t) \\ x_3(t) \end{bmatrix} + \begin{bmatrix} 0 \\ 0 \\ 1 \end{bmatrix} r(t)$

02 $\dfrac{d^2}{dt^2}c(t) + 5\dfrac{d}{dt}c(t) + 4c(t) = r(t)$와 같은 함수를 상태 함수로 변환하였다. 벡터 A, B의 값으로 적당한 것은?

[18년 2회 기사]

$$\frac{d}{dt}X(t) = AX(t) + Br(t)$$

① $A = \begin{bmatrix} 0 & 1 \\ -5 & -4 \end{bmatrix}$, $B = \begin{bmatrix} 0 \\ 1 \end{bmatrix}$ ② $A = \begin{bmatrix} 0 & 1 \\ 5 & 4 \end{bmatrix}$, $B = \begin{bmatrix} 0 \\ 1 \end{bmatrix}$

③ $A = \begin{bmatrix} 0 & 1 \\ -4 & -5 \end{bmatrix}$, $B = \begin{bmatrix} 0 \\ 1 \end{bmatrix}$ ④ $A = \begin{bmatrix} 0 & 1 \\ 4 & 5 \end{bmatrix}$, $B = \begin{bmatrix} 0 \\ 1 \end{bmatrix}$

기출 핵심 NOTE

01 [별해]
시스템행렬(A)
• 1단계
3차 미분방정식 : 3행3열(3×3)
• 2단계
$\begin{bmatrix} 0 & 1 & 0 \\ 0 & 0 & 1 \end{bmatrix}$
1행과 2행의 계수는 고정이다.
• 3단계
미분방정식의 최고차항을 남기
고 이항하여 계수를 역순으로
3행에 배치한다.
$-2, -1, -5$
$\begin{bmatrix} 0 & 1 & 0 \\ 0 & 0 & 1 \\ -2 & -1 & -5 \end{bmatrix}$

02 [별해]
시스템행렬(A)
• 1단계
2차 미분방정식 : 2행2열(2×2)
• 2단계
$\begin{bmatrix} 0 & 1 \end{bmatrix}$
1행 계수는 고정이다.
• 3단계
미분방정식의 최고차항을 남기
고 이항하여 계수를 역순으로 2
행에 배치
$-4, -5$
$\begin{bmatrix} 0 & 1 \\ -4 & -5 \end{bmatrix}$

정답 01. ① 02. ③

해설 • 상태변수

$$x_1(t) = c(t)$$

$$x_2(t) = \frac{dc(t)}{dt}$$

• 상태방정식

$$\dot{x_1}(t) = x_2(t)$$

$$\dot{x_2}(t) = -4x_1(t) - 5x_2(t) + r(t)$$

$$\begin{bmatrix} \dot{x_1}(t) \\ \dot{x_2}(t) \end{bmatrix} = \begin{bmatrix} 0 & 1 \\ -4 & -5 \end{bmatrix} \begin{bmatrix} x_1(t) \\ x_2(t) \end{bmatrix} + \begin{bmatrix} 0 \\ 1 \end{bmatrix} r(t)$$

$$\therefore A = \begin{bmatrix} 0 & 1 \\ -4 & -5 \end{bmatrix}, \ B = \begin{bmatrix} 0 \\ 1 \end{bmatrix}$$

03 n차 선형 시불변시스템의 상태방정식을 $\frac{d}{dt}X(t) = AX(t) + Br(t)$로 표시할 때 상태천이행렬 $\phi(t)(n \times n$ 행렬)에 관하여 틀린 것은? [19년 1회 기사]

① $\phi(t) = e^{At}$

② $\frac{d\phi(t)}{dt} = A \cdot \phi(t)$

③ $\phi(t) = \mathcal{L}^{-1}[(sI-A)^{-1}]$

④ $\phi(t)$는 시스템의 정상상태 응답을 나타낸다.

해설 $\phi(t)$는 시스템의 과도응답을 나타낸다.

04 상태방정식으로 표시되는 제어계의 천이행렬 $\phi(t)$는? [17년 3회 기사]

$$\dot{X} = \begin{bmatrix} 0 & 1 \\ 0 & 0 \end{bmatrix} X + \begin{bmatrix} 0 \\ 1 \end{bmatrix} U$$

① $\begin{bmatrix} 0 & t \\ 1 & 1 \end{bmatrix}$ ② $\begin{bmatrix} 1 & 1 \\ 0 & t \end{bmatrix}$

③ $\begin{bmatrix} 1 & t \\ 0 & 1 \end{bmatrix}$ ④ $\begin{bmatrix} 0 & t \\ 1 & 0 \end{bmatrix}$

해설 $[sI-A] = \begin{bmatrix} s & 0 \\ 0 & s \end{bmatrix} - \begin{bmatrix} 0 & 1 \\ 0 & 0 \end{bmatrix} = \begin{bmatrix} s & -1 \\ 0 & s \end{bmatrix}$

$[sI-A]^{-1} \dfrac{1}{\begin{vmatrix} s & -1 \\ 0 & s \end{vmatrix}} \begin{bmatrix} s & 1 \\ 0 & s \end{bmatrix} = \begin{bmatrix} \dfrac{1}{s} & \dfrac{1}{s^2} \\ 0 & \dfrac{1}{s} \end{bmatrix}$

03 상태천이행렬의 성질
• $\phi(0) = I$(여기서, I : 단위행렬)
• $\phi(t) = \mathcal{L}^{-1}(sI-A)^{-1}$
• $\phi(t) = e^{At}$

04 상태천이행렬
$\phi(t) = \mathcal{L}^{-1}\{[sI-A]^{-1}\}$
여기서, I : 단위행렬
$sI = s\begin{bmatrix} 1 & 0 \\ 0 & 1 \end{bmatrix} = \begin{bmatrix} s & 0 \\ 0 & s \end{bmatrix}$

정답 03. ④ 04. ③

∴ 상태천이행렬

$$\phi(t) = \mathcal{L}^{-1}\{[sI-A]^{-1}\} = \mathcal{L}^{-1}\begin{bmatrix} \dfrac{1}{s} & \dfrac{1}{s^2} \\ 0 & \dfrac{1}{s} \end{bmatrix} = \begin{bmatrix} 1 & t \\ 0 & 1 \end{bmatrix}$$

05 다음과 같은 상태방정식의 고유값 λ_1과 λ_2는?

[16년 2회 기사]

$$\begin{bmatrix} \dot{x_1} \\ \dot{x_2} \end{bmatrix} = \begin{bmatrix} 1 & -2 \\ -3 & 2 \end{bmatrix}\begin{bmatrix} x_1 \\ x_2 \end{bmatrix} + \begin{bmatrix} 2 & -3 \\ -4 & 3 \end{bmatrix}\begin{bmatrix} r_1 \\ r_2 \end{bmatrix}$$

① 4, −1 ② −4, 1

③ 6, −1 ④ −6, 1

해설 고유값(eigenvalue)은 특성방정식의 근이므로

$|sI-A| = 0$ (여기서, $s = \lambda$)

$\left|\begin{bmatrix} \lambda & 0 \\ 0 & \lambda \end{bmatrix} - \begin{bmatrix} 1 & -2 \\ -3 & 2 \end{bmatrix}\right| = 0$

$\left|\begin{matrix} \lambda-1 & 2 \\ 3 & \lambda-2 \end{matrix}\right| = 0$

$(\lambda-1)(\lambda-2)-6 = 0$

$\lambda^2 - 3\lambda - 4 = 0$

$(\lambda-4)(\lambda+1) = 0$

∴ $\lambda = 4, -1$

즉, 고유값 λ_1과 λ_2는 4와 −1이다.

05 • 특성방정식
$|sI-A| = 0$
여기서, A : 계수행렬
• 특성방정식의 근
고유값

06 다음과 같은 상태방정식으로 표현되는 제어계에 대한 설명으로 틀린 것은?

[16년 1회 기사]

$$\dot{x} = \begin{bmatrix} 0 & 1 \\ -2 & -3 \end{bmatrix}x + \begin{bmatrix} 1 & 1 \\ 0 & -2 \end{bmatrix}u$$

① 2차 제어계이다.

② x는 (2×1)의 벡터이다.

③ 특성방정식은 $(s+1)(s+2) = 0$이다.

④ 제어계는 부족제동(under damped)된 상태에 있다.

해설 특성방정식 $|sI-A| = 0$

$\left|\begin{bmatrix} s & 0 \\ 0 & s \end{bmatrix} - \begin{bmatrix} 0 & 1 \\ -2 & -3 \end{bmatrix}\right| = 0$

$\left|\begin{matrix} s & -1 \\ 2 & s+3 \end{matrix}\right| = 0$

06 ㉠ 특성방정식 : $|sI-A| = 0$
㉡ 2차계의 제동비에 따른 제동 조건
• $\delta < 1$: 부족제동
(공액복소수근)
• $\delta = 1$: 임계제동(중근)
• $\delta > 1$: 과제동(두 실근)
• $\delta = 0$: 무제동(허근)

정답 05. ① 06. ④

$\therefore \ s(s+3)+2=0$

$\quad s^2+3s+2=0$

$\quad (s+1)(s+2)=0$

근 $s=-1$, -2로 서로 다른 두 실근이므로 과제동한다.

또는 $2\delta\omega_n=3$에서 $\delta=\dfrac{3}{2\sqrt{2}}=1.06$, $\delta>1$이므로 제어계는 과

제동상태에 있다.

07 단위 계단 함수 $u(t)$를 z변환하면? [16년 2회 기사]

① 1

② $\dfrac{1}{z}$

③ 0

④ $\dfrac{z}{z-1}$

해설 • 라플라스 변환 : $\mathcal{L}\,[u(t)]=\dfrac{1}{s}$

• z변환 : $z[u(t)]=\dfrac{z}{z-1}$

08 단위 계단 함수의 라플라스 변환과 z변환 함수는? [18년 1회 기사]

① $\dfrac{1}{s}$, $\dfrac{z}{z-1}$

② s, $\dfrac{z}{z-1}$

③ $\dfrac{1}{s}$, $\dfrac{z-1}{z}$

④ s, $\dfrac{z-1}{z}$

해설 • 라플라스 변환 : $\mathcal{L}\,[u(t)]=\dfrac{1}{s}$

• z변환 : $z[u(t)]=\dfrac{z}{z-1}$

08 z변환표

시간 함수 $f(t)$	라플라스 변환 $F(s)$	z변환 $F(z)$
$\delta(t)$	1	1
$u(t)$	$\dfrac{1}{s}$	$\dfrac{z}{z-1}$
e^{-at}	$\dfrac{1}{s+a}$	$\dfrac{z}{z-e^{-aT}}$
t	$\dfrac{1}{s^2}$	$\dfrac{Tz}{(z-1)^2}$

09 함수 e^{-at}의 z변환으로 옳은 것은? [19년 3회·15년 1회 기사]

① $\dfrac{z}{z-e^{-aT}}$

② $\dfrac{z}{z-a}$

③ $\dfrac{1}{z-e^{-aT}}$

④ $\dfrac{1}{z-a}$

해설 • e^{-at}의 라플라스 변환 : $\mathcal{L}\,[e^{-at}]=\dfrac{1}{s+a}$

• e^{-at}의 z변환 : $z[e^{-at}]=\dfrac{z}{z-e^{-aT}}$

정답 07. ④ 08. ① 09. ①

10 다음 중 $f(t) = Ke^{-at}$의 z변환은? [15년 2회 기사]

① $\dfrac{Kz}{z - e^{-aT}}$

② $\dfrac{Kz}{z + e^{-aT}}$

③ $\dfrac{z}{z - Ke^{-aT}}$

④ $\dfrac{z}{z + Ke^{-aT}}$

해설 $z[e^{-at}] = \dfrac{z}{z - e^{-aT}}$

여기서, T : 샘플러의 주기

$\therefore z[Ke^{-at}] = \dfrac{Kz}{z - e^{-aT}}$

11 $e(t)$의 z변환을 $E(z)$라 했을 때, $e(t)$의 초기값은? [15년 3회 기사]

① $\lim_{z \to 0} zE(z)$

② $\lim_{z \to 0} E(z)$

③ $\lim_{z \to \infty} zE(z)$

④ $\lim_{z \to \infty} E(z)$

해설 • 초기값 정리 : $\lim_{t \to 0} e(t) = \lim_{z \to \infty} E(z)$

• 최종값 정리 : $\lim_{t \to \infty} e(t) = \lim_{z \to 1}(1 - z^{-1})E(z)$

12 다음 중 z변환함수 $\dfrac{3z}{(z - e^{-3T})}$에 대응되는 라플라스 변환함수는? [14년 1회 기사]

① $\dfrac{1}{(s+3)}$

② $\dfrac{3}{(s-3)}$

③ $\dfrac{1}{(s-3)}$

④ $\dfrac{3}{(s+3)}$

해설 z변환표

지수 감쇠 함수 : e^{-at}의 z변환 $F(z) = \dfrac{z}{z - e^{-aT}}$

$3e^{-3t}$의 z변환 : $z[3e^{-3t}] = \dfrac{3z}{z - e^{-3T}}$

$\therefore \mathcal{L}[3e^{-3t}] = \dfrac{3}{s+3}$

11 • 초기값 정리

$\lim_{t \to 0} e(t) = \lim_{z \to \infty} E(z)$

• 최종값 정리

$\lim_{t \to \infty} e(t) = \lim_{z \to 1}(1 - z^{-1})E(z)$

12 지수 감쇠 함수

• $f(t) = e^{-at}$

• $F(s) = \dfrac{1}{s+a}$

• $F(z) = \dfrac{z}{z - e^{-aT}}$

정답 10. ① 11. ④ 12. ④

기출 핵심 NOTE

13 다음 그림의 전달함수 $\dfrac{Y(z)}{R(z)}$는 다음 중 어느 것인가?

[18년 3회 기사]

① $G(z)z$
② $G(z)z^{-1}$
③ $G(z)Tz^{-1}$
④ $G(z)Tz$

해설 $\dfrac{Y(z)}{R(z)} = G(z)z^{-1}$

14 그림과 같은 이산치계의 z변환 전달함수 $\dfrac{C(z)}{R(z)}$를 구하면? $\left(\text{단, } z\left[\dfrac{1}{s+a}\right] = \dfrac{z}{z-e^{-aT}}\right)$

[16년 1회 기사]

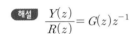

① $\dfrac{2z}{z-e^{-T}} - \dfrac{2z}{z-e^{-2T}}$

② $\dfrac{2z^2}{(z-e^{-T})(z-e^{-2T})}$

③ $\dfrac{2z}{z-e^{-2T}} - \dfrac{2z}{z-e^{-T}}$

④ $\dfrac{2z}{(z-e^{-T})(z-e^{-2T})}$

해설 $C(z) = G_1(z)G_2(z)R(z)$

$\therefore\ G(z) = \dfrac{C(z)}{R(z)} = G_1(z)G_2(z) = z\left[\dfrac{1}{s+1}\right]z\left[\dfrac{2}{s+2}\right]$

$= \dfrac{2z^2}{(z-e^{-T})(z-e^{-2T})}$

15 z변환법을 사용한 샘플치 제어계가 안정되려면 $1 + G(z)H(z) = 0$의 근의 위치는?

[15년 2회 기사]

① z평면의 좌반면에 존재하여야 한다.
② z평면의 우반면에 존재하여야 한다.
③ $|z| = 1$인 단위원 안쪽에 존재하여야 한다.
④ $|z| = 1$인 단위원 바깥쪽에 존재하여야 한다.

14 시간 함수 변환 후 z변환

- $\dfrac{1}{s+1} \rightarrow e^{-t} \rightarrow \dfrac{z}{z-e^{-T}}$
- $\dfrac{2}{s+2} \rightarrow 2e^{-2t} \rightarrow \dfrac{2z}{z-e^{-2T}}$

15 s평면과 z평면과의 관계

구 분 구 간	s평면	z평면
안정	좌반평면 (음의 반평면)	단위원 내부
임계 안정	허수축	단위원 원주상
불안정	우반평면 (양의 반평면)	단위원 외부

정답 13. ② 14. ② 15. ③

해설 z변환법을 사용한 샘플값제어계 해석

- s평면의 좌반평면(안정) : 특성근이 z평면의 원점에 중심을 둔 단위원 내부
- s평면의 우반평면(불안정) : 특성근이 z평면의 원점에 중심을 둔 단위원 외부
- s평면의 허수축상(임계안정) : 특성근이 z평면의 원점에 중심을 둔 단위원 원주상

16 이산시스템(discrete data system)에서의 안정도 해석에 대한 설명 중 옳은 것은? [18년 2회 기사]

① 특성방정식의 모든 근이 z평면의 음의 반평면에 있으면 안정하다.
② 특성방정식의 모든 근이 z평면의 양의 반평면에 있으면 안정하다.
③ 특성방정식의 모든 근이 z평면의 단위원 내부에 있으면 안정하다.
④ 특성방정식의 모든 근이 z평면의 단위원 외부에 있으면 안정하다.

해설 z변환법을 사용한 샘플값제어계 해석

- s평면의 좌반평면(안정) : 특성근이 z평면의 원점에 중심을 둔 단위원 내부
- s평면의 우반평면(불안정) : 특성근이 z평면의 원점에 중심을 둔 단위원 외부
- s평면의 허수축상(임계안정) : 특성근이 z평면의 원점에 중심을 둔 단위원 원주상

17 3차인 이산치시스템의 특성방정식의 근이 -0.3, -0.2, $+0.5$로 주어져 있다. 이 시스템의 안정도는? [17년 2회 기사]

① 이 시스템은 안정한 시스템이다.
② 이 시스템은 불안정한 시스템이다.
③ 이 시스템은 임계안정한 시스템이다.
④ 위 정보로서는 이 시스템의 안정도를 알 수 없다.

해설 특성방정식의 근 -0.3, -0.2, $+0.5$는 모두 $|z|=1$인 단위원 내에 존재하므로 계는 안정하다.

17 z변환법을 사용한 샘플값제어계 해석

- s평면의 좌반평면(안정)
  특성근이 z평면의 원점에 중심을 둔 단위원 내부
- s평면의 우반평면(불안정)
  특성근이 z평면의 원점에 중심을 둔 단위원 외부
- s평면의 허수축상(임계안정)
  특성근이 z평면의 원점에 중심을 둔 단위원 원주상

정답 16. ③ 17. ①

18 특성방정식이 다음과 같다. 이를 z변환하여 z평면에 도시할 때 단위원 밖에 놓일 근은 몇 개인가? [17년 1회 기사]

$$(s+1)(s+2)(s-3)=0$$

① 0   ② 1

③ 2   ④ 3

해설 • 특성방정식

$(s+1)(s+2)(s-3)=0$

$s^3-7s-6=0$

• 라우스의 표

$$
\begin{array}{c|cc}
s^3 & 1 & -7 \\
s^2 & (0)\varepsilon & -6 \\
 & \text{0을 미소 양의 실수 } \varepsilon \text{으로 대치} \\
s^1 & \dfrac{-7\varepsilon+6}{\varepsilon} & \\
s^0 & -6 &
\end{array}
$$

제1열의 부호 변화가 한 번 있으므로 불안정근이 1개 있다. z평면에 도시할 때 단위원 밖에 놓일 근이 s평면의 우반평면, 즉 불안정근이다.

18 특성방정식

$(s+1)(s+2)(s-3)=0$

특성방정식의 근=극점

$s=-1,\ -2,\ 3$

$s=3$은 우반평면의 근

즉, 양의 실근이므로 불안정근이다. z평면 단위원 외부가 불안정근이므로 1개 존재

○ **정답** 18. ②

출제비율

기 사

8.3 %

기출개념 01 시퀀스 기본 회로

(1) AND회로

입력 A, B가 모두 ON("1")되어야 출력이 ON("1")되고 그중 어느 한 단자라도 OFF("0")되면 출력이 OFF("0")되는 회로

① 유접점회로와 진리표

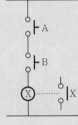

‖ 진리표 ‖

입 력		출 력
A	B	X
0	0	0
0	1	0
1	0	0
1	1	1

‖ 유접점회로 ‖

② 논리식과 논리회로

$$X = A \cdot B$$

‖ 논리식 ‖

A ○——⟍
B ○——／ ——○ X

‖ 논리회로 ‖

(2) OR회로

입력단자 A, B 중 어느 하나라도 ON("1")되면 출력이 ON("1")되고, A, B 모든 단자가 OFF("0")되어야 출력이 OFF("0")되는 회로

① 유접점회로와 진리표

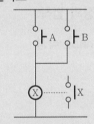

‖ 진리표 ‖

입 력		출 력
A	B	X
0	0	0
0	1	1
1	0	1
1	1	1

‖ 유접점회로 ‖

② 논리식과 논리회로

$$X = A + B$$

‖ 논리식 ‖

‖ 논리회로 ‖

(3) NOT회로

입력이 ON되면 출력이 OFF되고, 입력이 OFF되면 출력이 ON되는 회로

① 유접점회로와 진리표

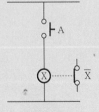

‖ 진리표 ‖

입 력	출 력
A	X
0	1
1	0

‖ 유접점회로 ‖

② 논리식과 논리회로

$$X = \overline{A}$$

┃ 논리식 ┃   ┃ 논리회로 ┃

기·출·개·념 [문제]

1. 다음 그림과 같은 논리회로는?

`07·94 기사`

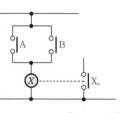

① OR회로   ② AND회로
③ NOT회로   ④ NOR회로

해설 $X_o = A + B$이므로 OR회로이다.

답 ①

2. 그림과 같은 논리회로에서 출력 F의 값은?

`13·04 기사`

① A   ② $\overline{A}BC$
③ $AB + \overline{B}C$ ④ $(A + B)C$

해설

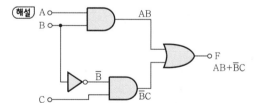

답 ③

기출개념 02 기본 회로의 부정회로

(1) NAND회로

입력단자 A, B 중 어느 하나라도 OFF되면 출력이 ON되고, 입력단자 A, B 모두가 ON되어야 출력이 OFF되는 회로

① 유접점회로와 진리표

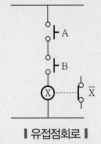

┃유접점회로┃

┃진리표┃

입 력		출 력
A	B	X
0	0	1
0	1	1
1	0	1
1	1	0

② 논리식과 논리회로

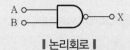

$$X = \overline{A \cdot B}$$

┃논리식┃   **┃논리회로┃**

(2) NOR회로

입력 A, B 중 모두 OFF되어야 출력이 ON되고 그중 어느 입력단자 하나라도 ON되면 출력이 OFF되는 회로

① 유접점회로와 진리표

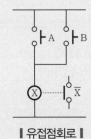

┃유접점회로┃

┃진리표┃

입 력		출 력
A	B	X
0	0	1
0	1	0
1	0	0
1	1	0

② 논리식과 논리회로

$$X = \overline{A + B}$$

┃논리식┃   **┃논리회로┃**

기·출·개·념 **문제**

1. 다음 진리표의 게이트(gate)는?

`07 기사`

입 력		출 력
X	Y	A
0	0	1
1	0	1
0	1	1
1	1	0

① AND
② OR
③ NOR
④ NAND

해설 NAND회로는 AND회로의 부정회로로 입력 X · Y 가 모두 ON("1")되면 출력이 OFF ("0")되는 회로

답 ④

2. 다음 진리표의 논리소자는?

`12 기사`

입 력		출 력
A	B	C
0	0	1
0	1	0
1	0	0
1	1	0

① NOR
② OR
③ AND
④ NAND

해설 NOR회로는 OR회로의 부정회로로 입력 A · B 중 어느 하나라도 ON("1")되면 출력이 OFF("0")되는 회로

답 ①

3. 논리회로의 종류에 대한 설명이 잘못된 것은?

`96·89 기사`

① AND회로 : 입력신호 A, B, C의 값이 모두 1일 때에만 출력신호 Z의 값이 1이 되는 회로로, 논리식은 A·B·C=Z로 표시한다.
② OR회로 : 입력신호 A, B, C 중 어느 한 값이 1이면 출력신호 Z의 값이 1이 되는 회로로, 논리식은 A+B+C=Z로 표시한다.
③ NOT회로 : 입력신호 A와 출력신호 Z가 서로 반대로 되는 회로로, 논리식은 $\overline{A}$=Z로 표시한다.
④ NOR회로 : AND회로의 부정회로로, 논리식은 A+B=C로 표시한다.

해설 • NOR회로 : OR회로의 부정회로로, 논리식은 $\overline{A+B}$ = C 로 표시한다.
• NAND회로 : AND회로의 부정회로로, 논리식은 $\overline{AB}$ = C 로 표시한다.

답 ④

기출개념 03 Exclusive OR회로와 Exclusive NOR회로

(1) Exclusive OR회로(배타적 OR회로, 반일치회로)

A, B 두 개의 입력 중 어느 하나만 입력 ON이면 출력이 ON상태가 나오는 회로로 Exclusive OR회로라 한다.

① 유접점회로와 진리표

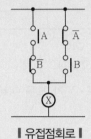

┃ 유접점회로 ┃

┃ 진리표 ┃

입 력		출 력
A	B	X
0	0	0
0	1	1
1	0	1
1	1	0

② 논리식과 논리회로

$$X = \overline{A} \cdot B + A \cdot \overline{B}$$
$$= \overline{AB}(A + B)$$
$$= A \oplus B$$

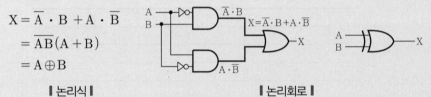

┃ 논리식 ┃   ┃ 논리회로 ┃

(2) Exclusive NOR회로(배타적 NOR회로, 일치회로)

입력의 전부가 OFF 또는 ON일 때만 출력이 ON으로 되는 회로로 Exclusive NOR회로라 한다.

① 유접점회로와 진리표

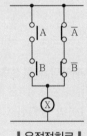

┃ 유접점회로 ┃

┃ 진리표 ┃

입 력		출 력
A	B	X
0	0	1
0	1	0
1	0	0
1	1	1

② 논리식과 논리회로

$$X = \overline{A} \cdot \overline{B} + A \cdot B$$
$$= A \odot B$$

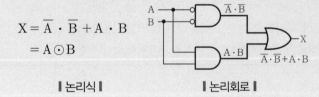

┃ 논리식 ┃   ┃ 논리회로 ┃

1. 다음 회로는 무엇을 나타낸 것인가?

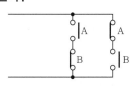

① AND
② OR
③ Exclusive OR
④ NAND

해설 • 출력식 $= A\overline{B} + \overline{A}B = A \oplus B$

• 진리표

입 력		출 력
A	B	
0	0	0
0	1	1
1	0	1
1	1	0

∴ 입력 A, B가 서로 다른 조건에서 출력이 1이 되는 Exclusive OR회로이다. **답** ③

2. 그림과 같은 논리회로의 출력을 구하면?

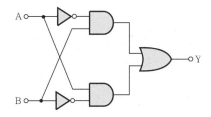

① $Y = A\overline{B} + \overline{A}B$
② $Y = \overline{A}\,\overline{B} + \overline{A}B$
③ $Y = A\overline{B} + \overline{A}\,\overline{B}$
④ $Y = \overline{A} + \overline{B}$

해설

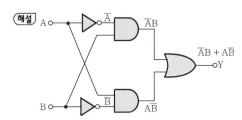

$Y = A\overline{B} + \overline{A}B$: 반일치회로(Exclusive OR회로)

답 ①

기출 개념 **04** 불대수

(1) 불대수
불대수에서 변수는 "1"과 "0"이 사용된다.

(2) 불대수의 논리연산
논리변수 사이의 기본적인 논리관계는 논리곱(AND), 논리합(OR), 부정(NOT)의 3종류가 있다.

(3) 불대수의 공리
불대수의 기본연산 정의에서는 다음의 4가지 공리가 정리된다.
① 공리 1
　㉠ $A = 1$이 아니면 $A = 0$: 회로접점이 폐로 아니면 개로 상태
　㉡ $A = 0$이 아니면 $A = 1$: 회로접점이 개로 아니면 폐로 상태
② 공리 2
　㉠ $1 + 1 = 1$: 두 개의 입력신호를 동시에 주므로 출력이 있음

$$A + A = A, \ A + 1 = 1$$

　㉡ $0 \cdot 0 = 0$: 두 개의 입력신호가 동시에 없으므로 출력이 없음

$$\overline{A} \cdot \overline{A} = \overline{A}, \ \overline{A} \cdot 0 = 0$$

③ 공리 3
　㉠ $0 + 0 = 0$: 입력신호를 하나도 안 주므로 출력이 없음

$$\overline{A} + \overline{A} = \overline{A}, \ \overline{A} + 0 = \overline{A}$$

　㉡ $1 \cdot 1 = 1$: 두 개의 입력신호를 동시에 주므로 출력이 있음

$$A \cdot A = A, \ A \cdot 1 = A$$

④ 공리 4
　㉠ $0 + 1 = 1$: 입력신호를 하나만 주어도 출력이 있음

$$\overline{A} + A = 1, \ A + 0 = A$$

　㉡ $1 \cdot 0 = 0$: 입력신호를 하나만 주지 않아도 출력이 없음

$$A \cdot \overline{A} = 0, \ A \cdot 0 = 0$$

(4) 불대수의 정리
일반 대수에서 교환법칙, 결합법칙, 분배법칙이 성립되는 것과 같이 불대수에서도 A, B, C가 논리변수일 때 다음 법칙이 성립된다.
① 교환법칙

$$A + B = B + A$$
$$A \cdot B = B \cdot A$$

② 결합법칙

$$(A + B) + C = A + (B + C)$$
$$(A \cdot B) \cdot C = A \cdot (B \cdot C)$$

③ 분배법칙

$$A \cdot (B + C) = (A \cdot B) + (A \cdot C)$$
$$A + (B \cdot C) = (A + B) \cdot (A + C)$$

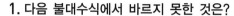

1. 다음 불대수식에서 바르지 못한 것은?　96·90 기사

① $A+A=A$

② $A \cdot A=A$

③ $A \cdot \overline{A}=1$

④ $A+\overline{A}=1$

(해설) $A \cdot \overline{A}=0$　**답** ③

2. 다음의 불대수 계산에서 옳지 않은 것은?　92 기사

① $\overline{A \cdot B}=\overline{A}+\overline{B}$

② $\overline{A+B}=\overline{A} \cdot \overline{B}$

③ $A \cdot A=A$

④ $A+A\overline{B}=1$

(해설) $A+A\overline{B}=A(1+\overline{B})=A \cdot 1=A$　**답** ④

3. 논리식 $A \cdot (A+B)$를 간단히 하면?　94 기사

① A　　　　　　　　　② B

③ $A \cdot B$　　　　　　　④ $A+B$

(해설) $A \cdot (A+B)=A \cdot A+A \cdot B=A+A \cdot B=A \cdot (1+B)=A \cdot 1=A$　**답** ①

4. 다음 논리식 중 다른 값을 나타내는 논리식은?　96·95 기사

① $XY+X\overline{Y}$

② $(X+Y)(X+\overline{Y})$

③ $X(X+Y)$

④ $X(\overline{X}+Y)$

(해설) ① $XY+X\overline{Y}=X(Y+\overline{Y})=X \cdot 1=X$

② $(X+Y)(X+\overline{Y})=XX+X(Y+\overline{Y})+Y\overline{Y}=X+X \cdot 1+0=X+X=X$

③ $X(X+Y)=XX+XY=X+XY=X(1+Y)=X \cdot 1=X$

④ $X(\overline{X}+Y)=X\overline{X}+XY=0+XY=XY$　**답** ④

기출개념 05 드모르간의 정리와 부정의 법칙

(1) 드모르간의 정리

드모르간(De Morgan's theorem)의 정리는 임의의 논리식의 보수를 구할 때 다음 순서에 따라 정리하면 된다.

① 모든 AND연산은 OR연산으로 바꾼다.
② 모든 OR연산은 AND연산으로 바꾼다.
③ 모든 상수 1은 0으로 바꾼다.
④ 모든 상수 0은 1로 바꾼다.
⑤ 모든 변수는 그의 보수로 나타낸다.

> • $\overline{A+B} = \overline{A} \cdot \overline{B}$
> • $\overline{A \cdot B} = \overline{A} + \overline{B}$

(2) 부정의 법칙

> • $\overline{\overline{A}} = A$
> • $\overline{\overline{A \cdot B}} = A \cdot B$
> • $\overline{\overline{A+B}} = A + B$

기·출·개·념 문제

1. $\overline{A} + \overline{B} \cdot \overline{C}$ 와 동일한 것은? 11 · 02 · 96 기사

① $\overline{A+BC}$　　　　　　　　② $\overline{A(B+C)}$
③ $\overline{A \cdot B + C}$　　　　　　　④ $\overline{A \cdot B} + C$

(해설) $\overline{A(B+C)} = \overline{A} + \overline{(B+C)} = \overline{A} + \overline{B} \cdot \overline{C}$ **답 ②**

2. 그림과 같은 회로의 출력 Z를 구하면? 13 · 09 · 07 · 05 · 99 기사

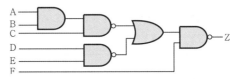

① $\overline{A} + \overline{B} + \overline{C} + \overline{D} + \overline{E} + F$
② $A + B + C + D + E + \overline{F}$
③ $\overline{A} \, \overline{B} \, \overline{C} \, \overline{D} \overline{E} + \overline{F}$
④ $A B C D E + \overline{F}$

(해설) $Z = \overline{(\overline{ABC} + \overline{DE})F} = \overline{(\overline{ABC} + \overline{DE})} + \overline{F} = ABC \cdot DE + \overline{F}$ **답 ④**

기출개념 06 카르노(Karnaugh)맵(map) 작성

(1) 2변수 카르노맵 작성

변수가 2개일 경우, 즉 임의의 2변수 A, B가 있다고 하면 $2^2 = 4$가지의 상태가 되고 카르노맵의 작성방법은 다음과 같다.

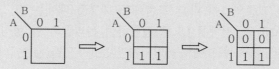

┃출력 $Y = A\overline{B} + AB$의 카르노맵┃

- 각 변수를 배열하며 A와 B의 위치는 바뀌어도 무관하다.
- A, B의 변수의 값을 써넣는다.
- 나머지 빈칸은 0으로 써넣는다.

(2) 3변수 카르노맵 작성

변수가 3개일 경우, 즉 임의의 3변수 A, B, C가 있다고 하면 $2^3 = 8$가지의 상태가 되고 카르노맵의 작성방법은 다음과 같다.

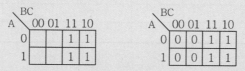

┃출력 $Y = \overline{A}B\overline{C} + \overline{A}BC + AB\overline{C} + ABC$의 카르노맵┃

- 출력 Y가 1이 되는 곳을 찾아 써넣는다.
- 나머지 빈칸은 모두 0으로 써넣는다.

(3) 페어(pair), 쿼드(quad), 옥텟(octet)

① 페어

페어라 함은 1이 수직이나 수평으로 한 쌍으로 근접되어 있는 경우를 말한다. 이때 보수로 바뀌어지는 변수는 생략된다.

② 쿼드

쿼드라 함은 1이 수직이나 수평으로 4개가 근접되어 하나의 그룹을 이루고 있는 경우를 말한다.

③ 옥텟

옥텟이라 함은 1이 수직이나 수평으로 8개가 근접하여 하나의 그룹을 이루고 있는 경우를 말한다.

기출개념 07 카르노맵의 간이화

(1) 진리표의 변수의 개수에 따라 2변수, 3변수, 4변수의 카르노맵을 작성한다.

(2) 카르노맵에서 가능하면 **옥텟 → 쿼드 → 페어**의 순으로 큰 루프로 묶는다.

(3) 맵에서 1은 필요에 따라서 여러 번 사용해도 된다.

(4) 만약에 어떤 그룹의 1이 다른 그룹에도 해당될 때에는 그 그룹은 생략해도 된다.

(5) **각 그룹을 AND로, 전체를 OR로 결합하여 논리곱의 합 형식의 논리함수로 만든다.**
단, 어떤 페어, 쿼드, 옥텟에도 해당되지 않는 1이 있을 때는 그 자신을 하나의 그룹으로 한다.

기·출·개·념 문제

1. 다음 카르노(Karnaugh)맵을 간략히 하면? `02·00·92 기사`

구 분	$\overline{C}\,\overline{D}$	$\overline{C}D$	CD	$C\overline{D}$
$\overline{A}\,\overline{B}$	0	0	0	0
$\overline{A}B$	1	0	0	1
AB	1	0	0	1
$A\overline{B}$	0	0	0	0

① $y=\overline{C}\overline{D}+BC$ ② $y=B\overline{D}$
③ $y=A+\overline{A}B$ ④ $y=A+B\overline{C}D$

[해설]

구 분	$\overline{C}\,\overline{D}$	$\overline{C}D$	CD	$C\overline{D}$
$\overline{A}\,\overline{B}$	0	0	0	0
$\overline{A}B$	1	0	0	1
AB	1	0	0	1
$A\overline{B}$	0	0	0	0

맵의 공통변수를 취하면 간이화가 된다.

∴ $y=B\overline{D}$

답 ②

2. 논리식 $L=\overline{x}\cdot\overline{y}\cdot z+\overline{x}\cdot y\cdot z+x\cdot\overline{y}\cdot z+x\cdot y\cdot z$ 를 간략화한 식은? `14 기사`

① z ② $x\cdot z$ ③ $y\cdot z$ ④ $x\cdot\overline{z}$

[해설] ㉠ 카르노맵

x ＼ yz	00	01	11	10
0	0	1	1	0
1	0	1	1	0

㉡ 맵 구성
- 2^n개씩 반드시 크게 묶는다.
- 맵의 공통변수를 OR해서 취하면 간이화가 된다.

∴ $L=z$

답 ①

CHAPTER **10**
시퀀스제어

이런 문제가 시험에 나온다!
단원 최근 빈출문제

📖 **기출 핵심 NOTE**

01 그림과 같은 논리회로는? [18년 2회 기사]

① OR회로
② AND회로
③ NOT회로
④ NOR회로

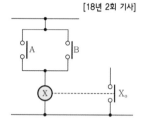

해설 $X_o = A + B$ 이므로 OR회로이다.

01 OR회로
• 입력 A, B 중 어느 하나라도 "1"되면 출력이 "1"되는 회로
• 논리식 : $X = A + B$

02 다음 진리표의 논리소자는? [17년 1회 기사]

입 력		출 력
A	B	C
0	0	1
0	1	0
1	0	0
1	1	0

① OR
② NOR
③ NOT
④ NAND

해설 NOR회로의 논리식

$C = \overline{A + B}$

OR회로의 부정회로로 입력신호 A, B 의 값이 모두 0일 때만 출력신호 C 의 값이 1이 되는 회로이다.

02 NOR회로
• 입력 A, B 중 모두 "0"인 경우 출력이 "1"되는 회로
• 논리식 : $C = \overline{A + B}$

03 다음과 같은 진리표를 갖는 회로의 종류는? [18년 1회 기사]

입 력		출 력
A	B	
0	0	0
0	1	1
1	0	1
1	1	0

① AND
② NOR
③ NAND
④ EX-OR

03 Exclusive OR회로
• 입력 A, B 중 어느 하나만 "1"인 경우 출력이 "1"되는 회로
• 논리식 : $X = \overline{A}B + A\overline{B}$

정답 01. ① 02. ② 03. ④

기출 핵심 NOTE

해설 출력식$= \overline{A}B + A\overline{B} = A \oplus B$

입력 $A \cdot B$ 가 서로 다른 조건식에서 출력이 1이 되는 Exclusive OR 회로이다.

04 다음 논리회로의 출력 X 는?　　　　　[16년 2회 기사]

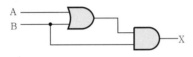

① A　　　　　　　　　② B
③ A+B　　　　　　　④ A · B

해설 $X = (A+B)B = AB + BB = B(A+1) = B$

05 다음 논리회로가 나타내는 식은?　　　　[17년 3회 기사]

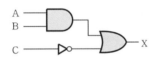

① $X = (A \cdot B) + \overline{C}$　　　② $X = (\overline{A \cdot B}) + C$
③ $X = (\overline{A+B}) \cdot C$　　　④ $X = (A+B) \cdot \overline{C}$

해설 • AND회로

• OR회로

• NOT회로

$\therefore X = (A \cdot B) + \overline{C}$

06 다음의 논리회로를 간단히 하면?　　　　[16년 3회 기사]

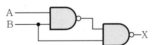

① $\overline{A}+B$　　　　　　② $A+\overline{B}$
③ $\overline{A}+\overline{B}$　　　　　　④ $A+B$

해설 $X = \overline{\overline{\overline{AB}} \cdot B} = \overline{\overline{AB}} + \overline{B} = AB + \overline{B}$
$\quad = AB + \overline{B}(1+A)$
$\quad = AB + \overline{B} + A\overline{B} = A(B+\overline{B}) + \overline{B} = A + \overline{B}$

04 불대수
• $A+A=A$, $A \cdot A=A$
• $A+1=1$, $A+0=A$
• $A \cdot 1=A$, $A \cdot 0=0$
• $A+\overline{A}=1$, $A \cdot \overline{A}=0$

05 논리회로
• AND회로

• OR회로

06 논리회로
• NAND회로

　　　　　　　　$\overline{A \cdot B}$

• NOR회로

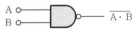

정답 04. ② 05. ① 06. ②

07 다음의 논리회로를 간단히 하면? [16년 1회 기사]

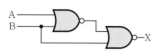

① $X = AB$
② $X = A\overline{B}$
③ $X = \overline{A}B$
④ $X = \overline{AB}$

해설 $X = \overline{\overline{A+B}+B} = \overline{\overline{A+B}} \cdot \overline{B} = (A+B)\overline{B} = A\overline{B}+B\overline{B} = A\overline{B}$

08 불대수식 중 틀린 것은? [19년 3회 기사]

① $A \cdot \overline{A}=1$
② $A+1=1$
③ $A+A=A$
④ $A \cdot A=A$

해설 $A \cdot \overline{A}=0$

09 드모르간의 정리를 나타낸 식은? [17년 1회 기사]

① $\overline{A+B}=A \cdot B$
② $\overline{A+B}=\overline{A}+\overline{B}$
③ $\overline{A \cdot B}=\overline{A} \cdot \overline{B}$
④ $\overline{A+B}=\overline{A} \cdot \overline{B}$

해설 드모르간 정리(De Morgan's theorem)는 임의의 논리식의 보수를 구할 때 다음 순서에 따라 정리하면 된다.
• 모든 AND연산은 OR연산으로 바꾼다.
• 모든 OR연산은 AND연산으로 바꾼다.
• 모든 상수 1은 0으로 바꾼다.
• 모든 상수 0은 1로 바꾼다.
• 모든 변수는 그의 보수로 나타낸다.
• $\overline{A+B}=\overline{A} \cdot \overline{B}$
• $\overline{A \cdot B}=\overline{A}+\overline{B}$

10 논리식 $L=\overline{x} \cdot \overline{y}+\overline{x} \cdot y+x \cdot y$를 간략화한 것은? [18년 3회 기사]

① $x+y$
② $\overline{x}+y$
③ $x+\overline{y}$
④ $\overline{x}+\overline{y}$

해설 $L=\overline{x}\overline{y}+\overline{x}y+xy=\overline{x}(\overline{y}+y)+xy=\overline{x}+x \cdot y=\overline{x}(1+y)+xy$
$=(\overline{x}+x) \cdot (\overline{x}+y)=\overline{x}+y$

기출 핵심 NOTE

07 부정의 법칙
• $\overline{\overline{A}}=A$
• $\overline{\overline{A \cdot B}}=A \cdot B$
• $\overline{\overline{A+B}}=A+B$

08 불대수
• $A \cdot \overline{A}=0$
• $A+\overline{A}=1$
• $A \cdot 1=A$
• $A+1=1$
• $A \cdot A=A$
• $A+A=A$

09 드모르간의 정리
• $\overline{A+B}=\overline{A} \cdot \overline{B}$
• $\overline{A \cdot B}=\overline{A}+\overline{B}$

정답 07. ② 08. ① 09. ④ 10. ②

11 그림의 회로는 어느 게이트(gate)에 해당되는가?

[17년 2회 기사]

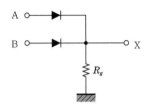

① OR   ② AND
③ NOT   ④ NOR

해설 그림은 OR gate이며, 논리심벌과 진리값표는 다음과 같다.

A	B	X
0	0	0
0	1	1
1	0	1
1	1	1

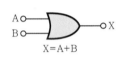

$X = A + B$

12 그림의 시퀀스회로에서 전자접촉기 X에 의한 a접점(normal open contact)의 사용목적은?

[19년 2회 기사]

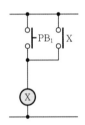

① 자기유지회로   ② 지연회로
③ 우선선택회로   ④ 인터록(interlock)회로

해설 누름단추스위치(PB_1)를 온(on)했을 때 스위치가 닫혀 계전기가 여자되고 그것의 a접점이 닫히기 때문에 누름단추스위치(PB_1)를 오프(off)해도 계전기는 계속 여자상태를 유지한다. 이것을 자기유지회로라고 한다.

13 타이머에서 입력신호가 주어지면 바로 동작하고, 입력신호가 차단된 후에는 일정 시간이 지난 후에 출력이 소멸되는 동작형태는?

[19년 1회 기사]

① 한시동작 순시복귀
② 순시동작 순시복귀
③ 한시동작 한시복귀
④ 순시동작 한시복귀

---

12 자기유지회로
PB_1을 ON하면 X가 여자되고 X-a 접점이 폐로되어 PB_1을 OFF해도 계속 여자상태를 유지하는 회로

13 순시동작 한시복귀 접점
타이머에 전압이 가해지면 즉시 동작하고 타이머에 전압이 끊기면 일정 시간 후에 복귀되는 접점
• 순시동작 한시복귀 a접점

• 순시동작 한시복귀 b접점

정답 11. ①   12. ①   13. ④

해설 순시는 입력신호와 동시에 출력이 나오는 것이고, 한시는 입력신호를 준 후 설정시간이 경과한 후 출력이 나오는 것이므로 순시동작 한시복귀이다.

14 다음과 같은 계전기회로는 어떤 회로인가? [15년 1회 기사]

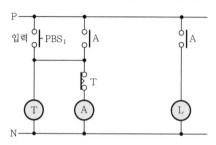

① 쌍안정회로 ② 단안정회로
③ 인터록회로 ④ 일치회로

해설 입력 PBS₁을 ON하면 계전기 A가 여자되어 램프가 점등되고 타이머 설정시간 후 T에 b접점이 개로되어 계전기 A가 소자되고 램프가 소등된다. 즉, 입력으로 정해진 일정 시간만큼 동작(on) 시켜주는 단안정회로가 된다.

15 다음 중 이진값신호가 아닌 것은? [19년 2회 기사]

① 디지털신호
② 아날로그신호
③ 스위치의 ON-OFF신호
④ 반도체소자의 동작·부동작상태

해설 이진값신호는 신호를 보내는 매체가 0과 1 또는 ON과 OFF와 같이 두 가지 상태만 표현되는 신호를 말한다. 아날로그신호는 연속동작이므로 이진값신호가 아니다.

14 한시동작 순시복귀 접점
타이머가 여자되고 타이머 설정시간 후에 동작하고 타이머가 소자되면 즉시 복귀되는 접점
• 한시동작 순시복귀 a접점

• 한시동작 순시복귀 b접점

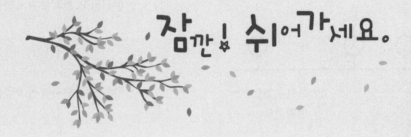

잠깐! 쉬어가세요.

"꿈꾸지 않는 자에게는
절망도 없다."

- 버나드 쇼 -

부록

과년도 출제문제

01 특성방정식이 $s^3 + 2s^2 + Ks + 10 = 0$으로 주어지는 제어시스템이 안정하기 위한 K의 범위는?

① $K > 0$　　　　② $K > 5$

③ $K < 0$　　　　④ $0 < K < 5$

해설 라우스표

s^3	1	K
s^2	2	10
s^1	$\dfrac{2K-10}{2}$	0
s^0	10	

제어시스템이 안정하기 위해서는 라우스표의 제1열의 부호 변화가 없어야 한다.

$\dfrac{2K-10}{2} > 0$

∴ $K > 5$

02 제어시스템의 개루프 전달함수가 다음과 같을 때, 다음 중 $K > 0$인 경우 근궤적의 점근선이 실수축과 이루는 각[°]은?

$$G(s)H(s) = \frac{K(s+30)}{s^4 + s^3 + 2s^2 + s + 7}$$

① 20°　　　　② 60°

③ 90°　　　　④ 120°

해설 점근선의 각도 $\alpha_k = \dfrac{(2K+1)\pi}{P-Z}$

$(K = 0, 1, 2, \cdots\cdots)$

점근선의 수 $K = P - Z = 4 - 1 = 3$이므로 $K = 0, 1, 2$이다.

$K = 0 : \dfrac{(2 \times 0 + 1)\pi}{4-1} = 60°$

$K = 1 : \dfrac{(2 \times 1 + 1)\pi}{4-1} = 180°$

$K = 2 : \dfrac{(2 \times 2 + 1)\pi}{4-1} = 300°$

∴ 60°

03 z 변환된 함수 $F(z) = \dfrac{3z}{z - e^{-3T}}$에 대응되는 라플라스 변환함수는?

① $\dfrac{1}{s+3}$　　　　② $\dfrac{3}{s-3}$

③ $\dfrac{1}{s-3}$　　　　④ $\dfrac{3}{s+3}$

해설 $f(t) = e^{-at}$의 z 변환 $F(z) = \dfrac{z}{z - e^{-aT}}$이므로

$F(z) = \dfrac{3z}{z - e^{-3T}}$의 역 z변환 $f(t) = 3e^{-3t}$

$3e^{-3t}$의 라플라스 변환 $f(t) = \dfrac{3}{s+3}$

04 다음 그림과 같은 제어시스템의 전달함수 $\dfrac{C(s)}{R(s)}$는?

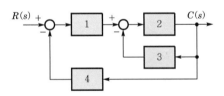

① $\dfrac{1}{15}$　　　　② $\dfrac{2}{15}$

③ $\dfrac{3}{15}$　　　　④ $\dfrac{4}{15}$

해설 전달함수 $\dfrac{C(s)}{R(s)} = \dfrac{\text{전향경로이득}}{1 - \sum \text{루프이득}}$

$= \dfrac{1 \times 2}{1 - \{-(2 \times 3) - (1 \times 2 \times 4)\}}$

$= \dfrac{2}{15}$

정답 01. ② 02. ② 03. ④ 04. ②

05 전달함수가 $G_c(s) = \dfrac{2s+5}{7s}$ 인 제어기가 있다. 이 제어기는 어떤 제어기인가?

① 비례미분제어기
② 적분제어기
③ 비례적분제어기
④ 비례적분미분제어기

[해설] $G_c(s) = \dfrac{2s+5}{7s} = \dfrac{2}{7} + \dfrac{5}{7s} = \dfrac{2}{7}\left(1 + \dfrac{1}{\frac{2}{5}s}\right)$

비례감도 $K_p = \dfrac{2}{7}$

적분시간 $T_i = \dfrac{2}{5}s$ 인 비례적분제어기이다.

06 단위 피드백제어계에서 개루프 전달함수 $G(s)$가 다음과 같이 주어졌을 때 단위 계단 입력에 대한 정상상태편차는?

$$G(s) = \dfrac{5}{s(s+1)(s+2)}$$

① 0 ② 1
③ 2 ④ 3

[해설] 단위 계단 입력이므로 정상위치편차이다.
- 정상위치편차상수
$$K_p = \lim_{s \to 0} \dfrac{5}{s(s+1)(s+2)} = \infty$$
- 정상상태편차
$$e_{ssp} = \dfrac{1}{1+K_p} = \dfrac{1}{1+\infty} = 0$$

07 그림과 같은 논리회로의 출력 Y는?

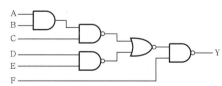

① $ABCDE + \overline{F}$
② $\overline{A}\,\overline{B}\,\overline{C}\,\overline{D}\,\overline{E} + F$
③ $\overline{A} + \overline{B} + \overline{C} + \overline{D} + \overline{E} + F$
④ $A + B + C + D + E + \overline{F}$

[해설] $Y = \overline{(\overline{ABC + \overline{DE}})\,\overline{F}}$
$= \overline{(\overline{ABC + \overline{DE}})} + \overline{\overline{F}}$
$= ABC \cdot DE + \overline{F}$

08 그림의 신호흐름선도에서 전달함수 $\dfrac{C(s)}{R(s)}$ 는 어느 것인가?

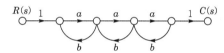

① $\dfrac{a^3}{(1-ab)^3}$

② $\dfrac{a^3}{1-3ab+a^2b^2}$

③ $\dfrac{a^3}{1-3ab}$

④ $\dfrac{a^3}{1-3ab+2a^2b^2}$

[해설] 메이슨 공식

$$\dfrac{C(s)}{R(s)} = \dfrac{\sum_{k=1}^{n} G_k \Delta k}{\Delta}$$

- 전향경로 $n = 1$
- 전향경로이득 $G_1 = a \times a \times a = a^3$
- $\Delta_1 = 1$
- $\Delta = 1 - \sum L_{n1} + \sum L_{n2}$
- $\sum L_{n1} = ab + ab + ab = 3ab$
  $\sum L_{n2} = ab \times ab = a^2b^2$
- ∴ 전달함수 $M = \dfrac{C(s)}{R(s)} = \dfrac{a^3}{1-3ab+a^2b^2}$

09 다음과 같은 미분방정식으로 표현되는 제어시스템의 시스템행렬 A는?

$$\frac{d^2 c(t)}{dt^2} + 5 \frac{dc(t)}{dt} + 3c(t) = r(t)$$

① $\begin{bmatrix} -5 & -3 \\ 0 & 1 \end{bmatrix}$　　② $\begin{bmatrix} -3 & -5 \\ 0 & 1 \end{bmatrix}$

③ $\begin{bmatrix} 0 & 1 \\ -3 & -5 \end{bmatrix}$　　④ $\begin{bmatrix} 0 & 1 \\ -5 & -3 \end{bmatrix}$

해설 상태변수 $x_1(t) = c(t)$, $x_2(t) = \dfrac{dc(t)}{dt}$

상태방정식

$\dot{x}_1(t) = x_2(t)$

$\dot{x}_2(t) = -3x_1(t) - 5x_2(t) + r(t)$

$\begin{bmatrix} \dot{x}_1(t) \\ \dot{x}_2(t) \end{bmatrix} = \begin{bmatrix} 0 & 1 \\ -3 & -5 \end{bmatrix} \begin{bmatrix} x_1(t) \\ x_2(t) \end{bmatrix} + \begin{bmatrix} 0 \\ 1 \end{bmatrix} r(t)$

시스템 행렬 $A = \begin{bmatrix} 0 & 1 \\ -3 & -5 \end{bmatrix}$

[별해] 시스템행렬 A

• 미분방정식의 차수가 2차 미분방정식이므로 2×2 행렬이다.

• $\begin{bmatrix} 0 & 1 \end{bmatrix}$ 1행은 고정값이다.

• 최고차항을 남기고 이항하여 계수를 역순으로 배치한다.

$\begin{bmatrix} 0 & 1 \\ -3 & -5 \end{bmatrix}$

10 안정한 제어시스템의 보드선도에서 이득여유는?

① $-20 \sim 20$[dB] 사이에 있는 크기[dB] 값이다.

② $0 \sim 20$[dB] 사이에 있는 크기 선도의 길이이다.

③ 위상이 $0°$가 되는 주파수에서 이득의 크기[dB]이다.

④ 위상이 $-180°$가 되는 주파수에서 이득의 크기[dB]이다.

해설 보드선도에서의 이득여유는 위상곡선 $-180°$에서의 이득과 0[dB]과의 차이이다.

01 그림과 같은 피드백제어시스템에서 입력이 단위 계단 함수일 때 정상상태오차상수인 위치상수(K_p)는?

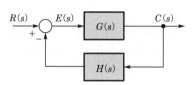

① $K_p = \lim_{s \to 0} G(s)H(s)$

② $K_p = \lim_{s \to 0} \dfrac{G(s)}{H(s)}$

③ $K_p = \lim_{s \to \infty} G(s)H(s)$

④ $K_p = \lim_{s \to \infty} \dfrac{G(s)}{H(s)}$

해설 편차 $E(s) = R(s) - C(s)$

$$= \frac{R(s)}{1 + G(s)H(s)}$$

정상편차 $e_{ss} = \lim_{s \to 0} s \dfrac{R(s)}{1 + G(s)H(s)}$

정상위치편차 $e_{ssp} = \lim_{s \to 0} \dfrac{s\frac{1}{s}}{1 + G(s)H(s)}$

$$= \frac{1}{1 + \lim_{s \to 0} G(s)H(s)}$$

$$= \frac{1}{1 + K_p}$$

위치편차상수 $K_p = \lim_{s \to 0} G(s)H(s)$

02 적분시간이 4[s], 비례감도가 4인 비례적분동작을 하는 제어요소에 동작신호 $z(t) = 2t$를 주었을 때 이 제어요소의 조작량은? (단, 조작량의 초기값은 0이다.)

① $t^2 + 8t$
② $t^2 + 2t$

③ $t^2 - 8t$
④ $t^2 - 2t$

해설 비례적분동작(PI 동작)

조작량 $z_o = K_p\left(z(t) + \dfrac{1}{T_i}\int z(t)dt\right)$

$$= 4\left(2t + \frac{1}{4}\int 2t\,dt\right) = 8t + t^2$$

03 시간함수 $f(t) = \sin \omega t$의 z변환은? (단, T는 샘플링 주기이다.)

① $\dfrac{z \sin \omega T}{z^2 + 2z \cos \omega T + 1}$

② $\dfrac{z \sin \omega T}{z^2 - 2z \cos \omega T + 1}$

③ $\dfrac{z \cos \omega T}{z^2 - 2z \sin \omega T + 1}$

④ $\dfrac{z \cos \omega T}{z^2 + 2z \sin \omega T + 1}$

해설 z**변환**

$f(t) = \sin \omega t$

$F(z) = \dfrac{z \sin \omega T}{z^2 - 2z \cos \omega T + 1}$

$f(t) = \cos \omega t$

$F(z) = \dfrac{z(z - \cos \omega T)}{z^2 - 2z \cos \omega T + 1}$

04 다음과 같은 신호흐름선도에서 $\dfrac{C(s)}{R(s)}$의 값은?

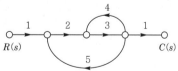

① $-\dfrac{1}{41}$
② $-\dfrac{3}{41}$

③ $-\dfrac{6}{41}$
④ $-\dfrac{8}{41}$

해설 메이슨의 식

$$M(s) = \frac{\sum_{k=1}^{n} G_k \Delta k}{\Delta}$$

전향경로 $n = 1$

$G_1 = 1 \times 2 \times 3 \times 1 = 6$

$\Delta_1 = 1$

$L_{11} = 3 \times 4 = 12$

$L_{21} = 2 \times 3 \times 5 = 30$

$\Delta = 1 - (L_{11} + L_{21}) = 1 - (12 + 30) = -41$

$\therefore$ 전달함수 $M = \dfrac{C(s)}{R(s)} = \dfrac{G_1 \Delta_1}{\Delta}$

$\qquad = \dfrac{6 \times 1}{-41} = -\dfrac{6}{41}$

05 제어시스템의 상태방정식이 $\dfrac{dx(t)}{dt} = Ax(t)$ $+ Bu(t)$, $A = \begin{bmatrix} 0 & 1 \\ -3 & 4 \end{bmatrix}$, $B = \begin{bmatrix} 1 \\ 1 \end{bmatrix}$일 때 특성방정식을 구하면?

① $s^2 - 4s - 3 = 0$

② $s^2 - 4s + 3 = 0$

③ $s^2 + 4s + 3 = 0$

④ $s^2 + 4s - 3 = 0$

해설 특성방정식 $|sI - A| = 0$

$\left| s \begin{bmatrix} 1 & 0 \\ 0 & 1 \end{bmatrix} - \begin{bmatrix} 0 & 1 \\ -3 & 4 \end{bmatrix} \right| = 0$

$\left| \begin{matrix} s & -1 \\ 3 & s-4 \end{matrix} \right| = 0$

$s(s-4) + 3 = s^2 - 4s + 3 = 0$

06 Routh-Hurwitz 방법으로 특성방정식이 $s^4 + 2s^3 + s^2 + 4s + 2 = 0$인 시스템의 안정도를 판별하면?

① 안정

② 불안정

③ 임계안정

④ 조건부 안정

해설 라우스의 표

s^4	1	1	2
s^3	2	4	
s^2	-1	2	
s^1	8	0	
s^0	2		

제1열의 부호 변화가 2번 있으므로 양의 실수부를 갖는 불안정근이 2개 있다.

07 특성방정식의 모든 근이 s평면(복소평면)의 $j\omega$축(허수축)에 있을 때 이 제어시스템의 안정도는?

① 알 수 없다.

② 안정하다.

③ 불안정하다.

④ 임계안정이다.

해설 특성방정식의 근이 s평면의 좌반부에 존재하면 제어계가 안정하고 특성방정식의 근이 s평면의 우반부에 존재하면 제어계는 불안정하다. 또한, 특성방정식의 근이 s평면의 허수축에 존재하면 제어계는 임계안정상태가 된다.

08 다음 논리식을 간단히 하면?

$$[(AB + A\overline{B}) + AB] + \overline{A}B$$

① $A + B$

② $\overline{A} + B$

③ $A + \overline{B}$

④ $A + A \cdot B$

해설 논리식

$AB + A\overline{B} + AB + \overline{A}B = AB + A\overline{B} + \overline{A}B$

$\qquad = A(B + \overline{B}) + \overline{A}B$

$\qquad = A + \overline{A}B$

$\qquad = A(1 + B) + \overline{A}B$

$\qquad = A + AB + \overline{A}B$

$\qquad = A + B(A + \overline{A})$

$\qquad = A + B$

정답 05. ② 06. ② 07. ④ 08. ①

09 다음 회로에서 입력전압 $v_1(t)$에 대한 출력 전압 $v_2(t)$의 전달함수 $G(s)$는?

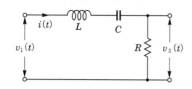

① $\dfrac{RCs}{LCs^2+RCs+1}$

② $\dfrac{RCs}{LCs^2-RCs-1}$

③ $\dfrac{Cs}{LCs^2+RCs+1}$

④ $\dfrac{Cs}{LCs^2-RCs-1}$

해설 전달함수

$$G(s) = \frac{V_2(s)}{V_1(s)}$$

$$= \frac{R}{Ls+\dfrac{1}{Cs}+R}$$

$$= \frac{RCs}{LCs^2+RCs+1}$$

10 어떤 제어시스템의 개루프 이득이 다음과 같을 때 이 시스템이 가지는 근궤적의 가지 (branch)수는?

$$G(s)H(s) = \frac{K(s+2)}{s(s+1)(s+3)(s+4)}$$

① 1

② 3

③ 4

④ 5

해설 근궤적의 개수는 Z와 P 중 큰 것과 일치한다.

영점의 개수 $Z=1$

극점의 개수 $P=4$

∴ 근궤적의 개수(가지수)는 4개이다.

01 그림과 같은 블록선도의 제어시스템에서 속도편차상수 K_v는 얼마인가?

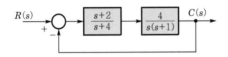

① 0
② 0.5
③ 2
④ ∞

해설 정상속도편차 $e_{ssv} = \lim_{s \to 0} \dfrac{s\dfrac{1}{s^2}}{1+G(s)}$

$$= \lim_{s \to 0} \frac{1}{s + s\,G(s)}$$

$$= \frac{1}{\lim_{s \to 0} s\,G(s)} = \frac{1}{K_v}$$

속도편차상수 $K_v = \lim_{s \to 0} s\,G(s)$

$$\therefore K_v = \lim_{s \to 0} s\frac{4(s+2)}{s(s+1)(s+4)} = 2$$

02 근궤적의 성질 중 틀린 것은?

① 근궤적은 실수축을 기준으로 대칭이다.
② 점근선은 허수축 상에서 교차한다.
③ 근궤적의 가지수는 특성방정식의 차수와 같다.
④ 근궤적은 개루프 전달함수의 극점으로부터 출발한다.

해설 점근선은 실수축 상에서만 교차하고 그 수는 $n = P - z$이다.

03 Routh-Hurwitz 안정도 판별법을 이용하여 특성방정식이 $s^3 + 3s^2 + 3s + 1 + K = 0$으로 주어진 제어시스템이 안정하기 위한 K의 범위를 구하면?

① $-1 \le K < 8$
② $-1 < K \le 8$
③ $-1 < K < 8$
④ $K < -1$ 또는 $K > 8$

해설 라우스의 표

s^3	1	3
s^2	3	$1+K$
s^1	$\dfrac{8-K}{3}$	0
s^0	$1+K$	

제1열의 부호 변화가 없으려면 $\dfrac{8-K}{3} > 0$,

$1 + K > 0$

$\therefore -1 < K < 8$

04 $e(t)$의 z변환을 $E(z)$라고 했을 때 $e(t)$의 초기값 $e(0)$는?

① $\lim_{z \to 1} E(z)$

② $\lim_{z \to \infty} E(z)$

③ $\lim_{z \to 1} (1 - z^{-1})E(z)$

④ $\lim_{z \to \infty} (1 - z^{-1})E(z)$

해설 • 초기값 정리
$$\lim_{k \to 0} e(KT) = \lim_{z \to \infty} E(z)$$

• 최종값 정리
$$\lim_{k \to 0} e(KT) = \lim_{z \to 1} (1 - z^{-1})E(z)$$

05 그림의 신호흐름선도에서 $\dfrac{C(s)}{R(s)}$는?

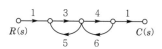

① $-\dfrac{2}{5}$
② $-\dfrac{6}{19}$
③ $-\dfrac{12}{29}$
④ $-\dfrac{12}{37}$

해설 전향경로 $n=1$
$G_1 = 1 \times 3 \times 4 \times 1 = 12$, $\Delta_1 = 1$
$\sum L_{n1} = L_{11} + L_{21} = (3 \times 5) + (4 \times 6) = 39$
$\Delta = 1 - \sum L_{n1} = 1 - 39 = -38$
전달함수 $M = \dfrac{C(s)}{R(s)} = \dfrac{G_1 \Delta_1}{\Delta}$
$= \dfrac{12}{-38} = -\dfrac{6}{19}$

06 전달함수가 $G(s) = \dfrac{10}{s^2+3s+2}$으로 표현되는 제어시스템에서 직류이득은 얼마인가?

① 1 ② 2
③ 3 ④ 5

해설 직류는 주파수 $f=0$이므로 $\omega = 2\pi f = 0$이다.
∴ 직류이득은 $\omega = 0$일 때 전달함수의 크기를 의미하므로
$G_{(j\omega)} = \dfrac{10}{(j\omega)^2 + j3\omega + 2}\Big|_{\omega=0} = \dfrac{10}{2} = 5$

07 전달함수가 $\dfrac{C(s)}{R(s)} = \dfrac{25}{s^2+6s+25}$인 2차 제어시스템의 감쇠 진동주파수($\omega_d$)는 몇 [rad/s]인가?

① 3 ② 4
③ 5 ④ 6

해설 2차 제어시스템의 감쇠 진동주파수
$\omega_d = \omega_n \sqrt{1-\delta^2}$ [rad/s]이므로
특성방정식 $s^2 + 6s + 25 = s^2 + 2 \times 3s + 5^2 = 0$
고유주파수: $\omega_n = 5$, $\delta\omega_n = 3$, $\delta = \dfrac{3}{5}$
∴ $\omega_d = 5\sqrt{1 - \left(\dfrac{3}{5}\right)^2} = 4$[rad/s]

08 다음 논리식을 간단히 한 것은?

$$Y = \overline{A}BC\overline{D} + \overline{A}BCD + \overline{A}\,\overline{B}C\overline{D} + \overline{A}\,\overline{B}CD$$

① $Y = \overline{A}C$
② $Y = A\overline{C}$
③ $Y = AB$
④ $Y = BC$

해설 $Y = \overline{A}BC\overline{D} + \overline{A}BCD + \overline{A}\,\overline{B}C\overline{D} + \overline{A}\,\overline{B}CD$
$= \overline{A}BC(\overline{D}+D) + \overline{A}\,\overline{B}C(\overline{D}+D)$
$= \overline{A}BC + \overline{A}\,\overline{B}C$
$= \overline{A}C(B+\overline{B})$
$= \overline{A}C$

09 폐루프시스템에서 응답의 잔류편차 또는 정상상태오차를 제거하기 위한 제어기법은?

① 비례제어
② 적분제어
③ 미분제어
④ On-Off제어

해설 적분제어동작은 잔류편차(off-set)를 제거할 수 있다.

10 시스템행렬 A가 다음과 같을 때 상태천이 행렬을 구하면?

$$A = \begin{bmatrix} 0 & 1 \\ -2 & -3 \end{bmatrix}$$

① $\begin{bmatrix} 2e^t - e^{2t} & -e^t + e^{2t} \\ 2e^t - 2e^{2t} & -e^t - 2e^{2t} \end{bmatrix}$

② $\begin{bmatrix} 2e^{-t} - e^{-2t} & e^t - e^{-2t} \\ -2e^{-t} + 2e^{-2t} & -e^{-t} - 2e^{2t} \end{bmatrix}$

③ $\begin{bmatrix} 2e^{-t} - e^{-2t} & -e^{-t} + e^{-2t} \\ 2e^{-t} - 2e^{-2t} & -e^{-t} - 2e^{-2t} \end{bmatrix}$

④ $\begin{bmatrix} 2e^{-t} - e^{-2t} & e^{-t} - e^{-2t} \\ -2e^{-t} + 2e^{-2t} & -e^{-t} + 2e^{-2t} \end{bmatrix}$

해설 $\phi(t) = \mathcal{L}^{-1}[sI - A]^{-1}$

$[sI - A] = \begin{bmatrix} s & 0 \\ 0 & s \end{bmatrix} - \begin{bmatrix} 0 & 1 \\ -2 & -3 \end{bmatrix} = \begin{bmatrix} s & -1 \\ 2 & s+3 \end{bmatrix}$

$[sI - A]^{-1} = \dfrac{1}{\begin{vmatrix} s & -1 \\ 2 & s+3 \end{vmatrix}} \begin{bmatrix} s+3 & 1 \\ -2 & s \end{bmatrix}$

$\qquad = \dfrac{1}{s^2 + 3s + 2} \begin{bmatrix} s+3 & 1 \\ -2 & s \end{bmatrix}$

$\qquad = \begin{bmatrix} \dfrac{s+3}{(s+1)(s+2)} & \dfrac{1}{(s+1)(s+2)} \\ \dfrac{-2}{(s+1)(s+2)} & \dfrac{s}{(s+1)(s+2)} \end{bmatrix}$

$\therefore \ \phi(t) = \mathcal{L}^{-1}\{[sI - A]^{-1}\}$

$\qquad = \begin{bmatrix} 2e^{-t} - e^{-2t} & e^{-t} - e^{-2t} \\ -2e^{-t} + 2e^{-2t} & -e^{-t} + 2e^{-2t} \end{bmatrix}$

01 블록선도와 같은 단위피드백제어시스템의 상태방정식은? $\left(\text{단, 상태변수는 } x_1(t) = c(t),\right.$
$\left. x_2(t) = \dfrac{d}{dt}c(t) \text{로 한다.}\right)$

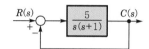

① $\dot{x_1}(t) = x_2(t)$
    $\dot{x_2}(t) = -5x_1(t) - x_2(t) + 5r(t)$

② $\dot{x_1}(t) = x_2(t)$
    $\dot{x_2}(t) = -5x_1(t) - x_2(t) - 5r(t)$

③ $\dot{x_1}(t) = -x_2(t)$
    $\dot{x_2}(t) = 5x_1(t) + x_2(t) - 5r(t)$

④ $\dot{x_1}(t) = -x_2(t)$
    $\dot{x_2}(t) = -5x_1(t) - x_2(t) + 5r(t)$

해설 전달함수

$$\frac{C(s)}{R(s)} = \frac{\dfrac{5}{s(s+1)}}{1 + \dfrac{5}{s(s+1)}} = \frac{5}{s^2+s+5}$$

$$s^2 C(s) + s C(s) + 5C(s) = 5R(s)$$

미분방정식 $\dfrac{d^2 c(t)}{dt^2} + \dfrac{dc(t)}{dt} + 5c(t) = 5r(t)$

상태변수 $x_1(t) = c(t)$

    $x_2(t) = \dfrac{dc(t)}{dt}$

상태방정식 $\dot{x_1}(t) = \dfrac{dc(t)}{dt} = x_2(t)$

    $\dot{x_2}(t) = \dfrac{d^2 c(t)}{dt^2}$

        $= -5x_1(t) - x_2(t) + 5r(t)$

02 적분시간 3[s], 비례감도가 3인 비례적분 동작을 하는 제어요소가 있다. 이 제어요소에 동작신호 $x(t) = 2t$를 주었을 때 조작량은 얼마인가? (단, 초기 조작량 $y(t)$는 0으로 한다.)

① $t^2 + 2t$　　　　② $t^2 + 4t$
③ $t^2 + 6t$　　　　④ $t^2 + 8t$

해설 동작신호를 $x(t)$, 조작량을 $y(t)$라 하면
비례적분동작(PI 동작)은

$$y(t) = K_p \left[x(t) + \frac{1}{T_i} \int x(t)dt \right]$$

비례감도 $K_p = 3$, 적분시간 $T_i = 3$[s]
동작신호 $x(t) = 2t$이므로

$$y(t) = 3\left(2t + \frac{1}{3} \int 2t\,dt \right) = 6t + t^2$$

∴ 조작량 $y(t) = t^2 + 6t$

03 블록선도의 제어시스템은 단위 램프 입력에 대한 정상상태오차(정상편차)가 0.01이다. 이 제어시스템의 제어요소인 $G_{C1}(s)$의 k는?

$$G_{C1}(s) = k, \quad G_{C2}(s) = \frac{1+0.1s}{1+0.2s}$$

$$G_P(s) = \frac{200}{s(s+1)(s+2)}$$

① 0.1　　　　② 1
③ 10　　　　④ 100

해설 정상속도편차 $e_{ssv} = \dfrac{1}{K_v}$

속도편차상수 $K_v = \lim\limits_{s \to 0} s \cdot G(s)$

$$K_v = \lim_{s \to 0} s \frac{k \cdot (1+0.1s) \cdot 200}{(1+0.2s)s(s+1)(s+2)}$$

$$= \frac{200k}{2} = 100k$$

$$\therefore \ 0.01 = \frac{1}{100k}$$

$$\therefore \ k = 1$$

04 개루프 전달함수 $G(s)H(s)$로부터 근궤적을 작성할 때 실수축에서의 점근선의 교차점은?

$$G(s)H(s) = \frac{K(s-2)(s-3)}{s(s+1)(s+2)(s+4)}$$

① 2   ② 5

③ −4   ④ −6

해설 $\delta = \dfrac{\sum G(s)H(s)\text{의 극점} - \sum G(s)H(s)\text{의 영점}}{P - Z}$

$$= \frac{(0-1-2-4)-(2+3)}{4-2}$$

$$= -6$$

05 2차 제어시스템의 감쇠율(damping ratio, ζ)이 $\zeta < 0$인 경우 제어시스템의 과도응답 특성은?

① 발산
② 무제동
③ 임계제동
④ 과제동

해설 2차 제어시스템의 감쇠비(율) ζ에 따른 과도응답 특성
- $\zeta = 0$: 순허근으로 무제동
- $\zeta = 1$: 중근으로 임계제동
- $\zeta > 1$: 서로 다른 두 실근으로 과제동
- $0 < \zeta < 1$: 좌반부의 공액복소수근으로 부족제동
- $-1 < \zeta < 0$: 우반부의 공액복소수근으로 발산

06 특성방정식이 $2s^4 + 10s^3 + 11s^2 + 5s + K = 0$으로 주어진 제어시스템이 안정하기 위한 조건은?

① $0 < K < 2$
② $0 < K < 5$
③ $0 < K < 6$
④ $0 < K < 10$

해설 라우스의 표

s^4	2	11	K
s^3	10	5	
s^2	10	K	
s^1	$\dfrac{50-10K}{10}$		
s^0	K		

제어시스템이 안정하기 위해서는 제1열의 부호 변화가 없어야 하므로 $\dfrac{50-10K}{10} > 0, \ K > 0$

$$\therefore \ 0 < K < 5$$

07 블록선도의 전달함수 $\left(\dfrac{C(s)}{R(s)}\right)$는?

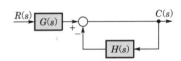

① $\dfrac{G(s)}{1+H(s)}$

② $\dfrac{G(s)}{1+G(s)H(s)}$

③ $\dfrac{1}{1+H(s)}$

④ $\dfrac{1}{1+G(s)H(s)}$

해설 $\{R(s)G(s) - C(s)H(s)\} = C(s)$
$R(s)G(s) = C(s)\{1+H(s)\}$

$$\therefore \ \text{전달함수} \ \frac{C(s)}{R(s)} = \frac{G(s)}{1+H(s)}$$

08 신호흐름선도에서 전달함수 $\left(\dfrac{C(s)}{R(s)}\right)$는?

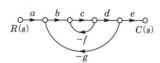

① $\dfrac{abcde}{1-cg-bcdg}$ ② $\dfrac{abcde}{1-cf+bcdg}$

③ $\dfrac{abcde}{1+cf-bcdg}$ ④ $\dfrac{abcde}{1+cf+bcdg}$

해설 전향경로 $n=1$

$G_1 = abcde,\ \Delta_1 = 1$

$L_{11} = -cf,\ L_{21} = -bcdg$

$\Delta = 1 - (L_{11} + L_{21}) = 1 + cf + bcdg$

∴ 전달함수 $M(s) = \dfrac{C(s)}{R(s)} = \dfrac{abcde}{1+cf+bcdg}$

09 $e(t)$의 z변환율 $E(z)$라고 했을 때 $e(t)$의 최종값 $e(\infty)$은?

① $\displaystyle\lim_{z \to 1} E(z)$

② $\displaystyle\lim_{z \to \infty} E(z)$

③ $\displaystyle\lim_{z \to 1} (1 - z^{-1}) E(z)$

④ $\displaystyle\lim_{z \to \infty} (1 - z^{-1}) E(z)$

해설 • 초기값 정리 : $e(0) = \displaystyle\lim_{t \to 0} e(t) = \lim_{z \to \infty} E(z)$

• 최종값 정리 : $e(\infty) = \displaystyle\lim_{t \to \infty} e(t)$

$\qquad\qquad\qquad = \displaystyle\lim_{z \to 1} (1 - z^{-1}) E(z)$

10 $\overline{A} + \overline{B} \cdot \overline{C}$와 등가인 논리식은?

① $\overline{A \cdot (B+C)}$ ② $\overline{A + B \cdot C}$

③ $\overline{A \cdot B + C}$ ④ $\overline{A \cdot B} + C$

해설 드모르간의 정리

$\overline{A + B} = \overline{A} \cdot \overline{B}$

$\overline{A \cdot B} = \overline{A} + \overline{B}$

∴ $\overline{A} + \overline{B} \cdot \overline{C} = \overline{A} + \overline{(B+C)} = \overline{A \cdot (B+C)}$

01 전달함수가 $G_C(s) = \dfrac{s^2+3s+5}{2s}$ 인 제어기가 있다. 이 제어기는 어떤 제어기인가?

① 비례미분제어기

② 적분제어기

③ 비례적분제어기

④ 비례미분적분제어기

해설
$$G_C(s) = \frac{s^2+3s+5}{2s} = \frac{1}{2}s + \frac{3}{2} + \frac{5}{2s}$$
$$= \frac{3}{2}\left(1 + \frac{1}{3}s + \frac{1}{\frac{3}{5}s}\right)$$

비례감도 $K_p = \dfrac{3}{2}$, 미분시간 $T_D = \dfrac{1}{3}$, 적분시간 $T_i = \dfrac{3}{5}$ 인 비례미분적분제어기이다.

02 다음 논리회로의 출력 Y는?

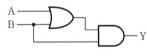

① A

② B

③ A+B

④ A · B

해설 Y=(A+B)B=AB+BB
$\quad$ =AB+B=B(A+1)=B

03 그림과 같은 제어시스템이 안정하기 위한 k의 범위는?

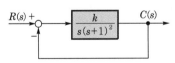

① $k > 0$

② $k > 1$

③ $0 < k < 1$

④ $0 < k < 2$

해설 특성방정식은 $1+G(s)H(s)=0$

$$1 + \frac{k}{s(s+1)^2} = 0$$
$$s^3+2s^2+s+k=0$$

라우스의 표

s^3	1	1
s^2	2	k
s^1	$\dfrac{2-k}{2}$	0
s^0	k	

제1열의 부호 변화가 없어야 하므로

$$\frac{2-k}{2} > 0, \ k > 0$$
$$\therefore \ 0 < k < 2$$

04 다음과 같은 상태방정식으로 표현되는 제어시스템의 특성방정식의 근(s_1, s_2)은?

$$\begin{bmatrix} \dot{x}_1 \\ \dot{x}_2 \end{bmatrix} = \begin{bmatrix} 0 & 1 \\ -2 & -3 \end{bmatrix} \begin{bmatrix} x_1 \\ x_2 \end{bmatrix} + \begin{bmatrix} 1 \\ 0 \end{bmatrix} u$$

① 1, -3

② -1, -2

③ -2, -3

④ -1, -3

해설 특성방정식은 $|sI-A|=0$

$$\left| \begin{bmatrix} s & 0 \\ 0 & s \end{bmatrix} - \begin{bmatrix} 0 & 1 \\ -2 & -3 \end{bmatrix} \right| = 0$$
$$\begin{vmatrix} s & -1 \\ 2 & s+3 \end{vmatrix} = 0$$
$$s(s+3)+2=0$$
$$s^2+3s+2=0$$
$$(s+1)(s+2)=0$$

특성방정식의 근 $s = -1, \ -2$

정답 01. ④ 02. ② 03. ④ 04. ②

05 그림의 블록선도와 같이 표현되는 제어시스템에서 $A=1$, $B=1$일 때, 블록선도의 출력 C는 약 얼마인가?

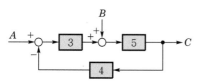

① 0.22

② 0.33

③ 1.22

④ 3.1

해설 $A=1$, $B=1$일 때의 출력을 구하면

$$\{(1-4C)3+1\}5 = C$$

$$15-60C+5 = C$$

$$\therefore C = \frac{20}{61} ≒ 0.33$$

06 제어요소가 제어대상에 주는 양은?

① 동작신호

② 조작량

③ 제어량

④ 궤환량

해설 조작량은 제어장치가 제어대상에 가하는 제어신호이다.

07 전달함수가 $\dfrac{C(s)}{R(s)} = \dfrac{1}{3s^2+4s+1}$인 제어시스템의 과도응답특성은?

① 무제동

② 부족제동

③ 임계제동

④ 과제동

해설 전달함수

$$\frac{C(s)}{R(s)} = \frac{1}{3s^2+4s+1} = \frac{\frac{1}{3}}{s^2+\frac{4}{3}s+\frac{1}{3}}$$

고유주파수 $\omega_n = \dfrac{1}{\sqrt{3}}$ 이므로, $2\delta\omega_n = \dfrac{4}{3}$

제동비 $\delta = \dfrac{\frac{4}{3}}{2\times\frac{1}{\sqrt{3}}} ≒ 1.155$

$\therefore$ $\delta > 1$인 경우이므로 서로 다른 2개의 실근을 가지므로 과제동한다.

08 함수 $f(t) = e^{-at}$의 z변환함수 $F(z)$는?

① $\dfrac{2z}{z-e^{aT}}$

② $\dfrac{1}{z+e^{aT}}$

③ $\dfrac{z}{z+e^{-aT}}$

④ $\dfrac{z}{z-e^{-aT}}$

해설
$$F(z) = \sum_{k=0}^{\infty} f(kT)z^{-k}$$

$$= \sum_{k=0}^{\infty} e^{-akT}z^{-k} \text{ (여기서, } k=0, 1, 2, 3, \cdots)$$

$$= 1+e^{-aT}z^{-1}+e^{-2aT}z^{-2}+e^{-3aT}z^{-3}+\cdots$$

$$= \frac{1}{1-e^{-aT}z^{-1}}$$

$$= \frac{z}{z-e^{-aT}}$$

09 제어시스템의 주파수전달함수가 $G(j\omega) = j5\omega$이고, 주파수가 $\omega=0.02$[rad/s]일 때 이 제어시스템의 이득[dB]은?

① 20

② 10

③ -10

④ -20

해설 이득 $g = 20\log|G(j\omega)| = 20\log|5\omega|_{\omega=0.02}$

$$= 20\log|5\times0.02|$$

$$= 20\log 0.1$$

$$= -20\,[\text{dB}]$$

10 그림과 같은 제어시스템의 폐루프 전달함
수 $T(s) = \dfrac{C(s)}{R(s)}$에 대한 감도 S_K^T는?

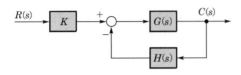

① 0.5

② 1

③ $\dfrac{G}{1+GH}$

④ $\dfrac{-GH}{1+GH}$

해설 전달함수 $T = \dfrac{C(s)}{R(s)} = \dfrac{KG(s)}{1+G(s)H(s)}$

감도 $S_K^T = \dfrac{K}{T}\dfrac{dT}{dK}$

$= \dfrac{K}{\dfrac{KG(s)}{1+G(s)H(s)}}\dfrac{d}{dK}\dfrac{KG(s)}{1+G(s)H(s)}$

$= \dfrac{1+G(s)H(s)}{G(s)} \times \dfrac{G(s)}{1+G(s)H(s)}$

$= 1$

2021년 제3회 기출문제

01

블록선도의 전달함수가 $\dfrac{C(s)}{R(s)}=10$과 같이 되기 위한 조건은?

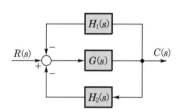

① $G(s)=\dfrac{1}{1-H_1(s)-H_2(s)}$

② $G(s)=\dfrac{10}{1-H_1(s)-H_2(s)}$

③ $G(s)=\dfrac{1}{1-10H_1(s)-10H_2(s)}$

④ $G(s)=\dfrac{10}{1-10H_1(s)-10H_2(s)}$

해설
$$\dfrac{C(s)}{R(s)}=\dfrac{G(s)}{1+H_1(s)G(s)+H_2(s)G(s)}$$
$$10=\dfrac{G(s)}{1+H_1(s)G(s)+H_2(s)G(s)}$$
$$10+10H_1(s)G(s)+10H_2(s)G(s)=G(s)$$
$$10=G(s)(1-10H_1(s)-10H_2(s))$$
$$\therefore\ G(s)=\dfrac{10}{1-10H_1(s)-10H_2(s)}$$

02

그림의 제어시스템이 안정하기 위한 K의 범위는?

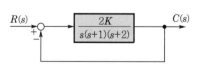

① $0<K<3$ 　 ② $0<K<4$

③ $0<K<5$ 　 ④ $0<K<6$

해설 특성방정식
$$1+G(s)H(s)=1+\dfrac{2K}{s(s+1)(s+2)}=0$$
$$s(s+1)(s+2)+2K=s^3+3s^2+2s+2K=0$$
라우스의 표(행렬)

s^3	1	2
s^2	3	2K
s^1	$\dfrac{6-2K}{3}$	0
s^0	2K	

제1열의 부호 변화가 없어야 안정하므로
$$\dfrac{6-2K}{3}>0,\ 2K>0$$
$$\therefore\ 0<K<3$$

03

개루프 전달함수가 다음과 같은 제어시스템의 근궤적이 $j\omega$(허수)축과 교차할 때 K는 얼마인가?

$$G(s)H(s)=\dfrac{K}{s(s+3)(s+4)}$$

① 30 　 ② 48

③ 84 　 ④ 180

해설 특성방정식
$$1+G(s)H(s)=1+\dfrac{K}{s(s+3)(s+4)}=0$$
$$s(s+3)(s+4)+K=s^3+7s^2+12s+K=0$$
라우스의 표

s^3	1	12
s^2	7	K
s^1	$\dfrac{84-K}{7}$	0
s^0	K	

K의 임계값은 s^1의 제1열 요소를 0으로 놓아 얻을 수 있다.

그러므로 $\dfrac{84-K}{7}=0$, $K=84$일 때 근궤적은 허수축과 만난다.

04 제어요소의 표준형식인 적분요소에 대한 전달함수는? (단, K는 상수이다.)

① Ks 　　　　② $\dfrac{K}{s}$

③ K 　　　　④ $\dfrac{K}{1+Ts}$

해설 $y(t)=K\displaystyle\int x(t)dt$

전달함수 $G(s)=\dfrac{Y(s)}{X(s)}=\dfrac{K}{s}$

05 블록선도의 제어시스템은 단위 램프 입력에 대한 정상상태오차(정상편차)가 0.01이다. 이 제어시스템의 제어요소인 $G_{C1}(s)$의 k는?

$$G_{C1}(s)=k, \ \ G_{C2}(s)=\dfrac{1+0.1s}{1+0.2s}$$

$$G_P(s)=\dfrac{20}{s(s+1)(s+2)}$$

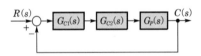

① 0.1 　　　　② 1

③ 10 　　　　④ 100

해설 정상속도편차 $e_{ssv}=\dfrac{1}{K_v}$

정상속도편차상수

$K_v=\displaystyle\lim_{s\to 0}sG(s)H(s)$

$=\displaystyle\lim_{s\to 0}s\dfrac{20k(1+0.1s)}{s(1+0.2s)(s+1)(s+2)}=10k$

$\therefore$ 정상속도편차 $e_{ssv}=\dfrac{1}{10k}$

정상상태오차가 0.01인 경우의 k의 값은

$0.01=\dfrac{1}{10k}$

$\therefore \ k=10$

06 그림과 같은 신호흐름선도에서 $\dfrac{C(s)}{R(s)}$는?

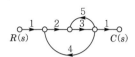

① $-\dfrac{6}{38}$

② $\dfrac{6}{38}$

③ $-\dfrac{6}{41}$

④ $\dfrac{6}{41}$

해설 전향경로 $n=1$

$G_1=1\times 2\times 3\times 1=6$

$\Delta_1=1$

$\Delta=1-\sum L_{n1}=1-(L_{11}+L_{21})$

$\ \ \ =1-(15+24)=-38$

전달함수 $M=\dfrac{C(s)}{R(s)}=\dfrac{G_1\Delta_1}{\Delta}=-\dfrac{6}{38}$

07 단위 계단 함수 $u(t)$를 z변환하면?

① $\dfrac{1}{z-1}$

② $\dfrac{z}{z-1}$

③ $\dfrac{1}{Tz-1}$

④ $\dfrac{Tz}{Tz-1}$

해설 $r(KT)=u(t)=1$

$R(z)=\displaystyle\sum_{K=0}^{\infty}r(KT)z^{-K}$

（여기서, $K=0,\ 1,\ 2,\ 3,\ \cdots$）

$=\displaystyle\sum_{K=0}^{\infty}1z^{-K}=1+z^{-1}+z^{-2}+\cdots$

$\therefore \ R(z)=\dfrac{1}{1-z^{-1}}=\dfrac{z}{z-1}$

정답 04. ② 05. ③ 06. ① 07. ②

08 그림의 논리회로와 등가인 논리식은?

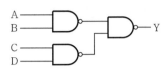

① $Y = A \cdot B \cdot C \cdot D$

② $Y = A \cdot B + C \cdot D$

③ $Y = \overline{A \cdot B} + \overline{C \cdot D}$

④ $Y = (\overline{A} + \overline{B}) \cdot (\overline{C} + \overline{D})$

해설 $Y = \overline{\overline{AB} \cdot \overline{CD}} = \overline{\overline{AB}} + \overline{\overline{CD}} = A \cdot B + C \cdot D$

09 다음과 같은 상태방정식으로 표현되는 제어 시스템에 대한 특성방정식의 근(s_1, s_2)은?

$$\begin{bmatrix} \dot{x}_1 \\ \dot{x}_2 \end{bmatrix} = \begin{bmatrix} 0 & -3 \\ 2 & -5 \end{bmatrix} \begin{bmatrix} x_1 \\ x_2 \end{bmatrix} + \begin{bmatrix} 1 \\ 0 \end{bmatrix} u$$

① 1, -3　　② -1, -2

③ -2, -3　　④ -1, -3

해설 특성방정식 $|sI - A| = 0$

$$\left| s\begin{bmatrix} 1 & 0 \\ 0 & 1 \end{bmatrix} - \begin{bmatrix} 0 & -3 \\ 2 & -5 \end{bmatrix} \right| = 0$$

$$\begin{vmatrix} s & 3 \\ -2 & s+5 \end{vmatrix} = 0$$

$s(s+5) + 6 = 0$

$s^2 + 5s + 6 = 0$

$(s+2)(s+3) = 0$

∴ $s = -2, -3$

10 주파수 전달함수가 $G(j\omega) = \dfrac{1}{j100\omega}$ 인 제어 시스템에서 $\omega = 1.0$[rad/s]일 때의 이득[dB] 과 위상각[°]은 각각 얼마인가?

① 20[dB], 90°

② 40[dB], 90°

③ -20[dB], $-90°$

④ -40[dB], $-90°$

해설 $G(j\omega) = \dfrac{1}{j100\omega}$, $\omega = 1.0$[rad/s]일 때

$G(j\omega) = \dfrac{1}{j100}$

$|G(j\omega)| = \dfrac{1}{100} = 10^{-2}$

∴ 이득 $g = 20\log|G(j\omega)| = 20\log 10^{-2}$
$= -40$[dB]

위상각 $\angle \theta = \angle G(j\omega) = \angle \dfrac{1}{j100} = -90°$

01 $F(z) = \dfrac{(1-e^{-aT})z}{(z-1)(z-e^{-aT})}$ 의 역 z변환은?

① $1 - e^{-at}$ ② $1 + e^{-at}$

③ $t \cdot e^{-at}$ ④ $t \cdot e^{at}$

해설 $\dfrac{F(z)}{z}$ 형태로 부분 분수 전개하면

$$\frac{F(z)}{z} = \frac{(1-e^{-aT})}{(z-1)(z-e^{-aT})}$$

$$= \frac{k_1}{z-1} + \frac{k_2}{z-e^{-aT}}$$

$$k_1 = \lim_{z \to 1} \frac{1-e^{-aT}}{z-e^{-aT}} = 1$$

$$k_2 = \lim_{z \to e^{-aT}} \frac{1-e^{-aT}}{z-1} = -1$$

$$\frac{F(z)}{z} = \frac{1}{z-1} - \frac{1}{z-e^{-aT}}$$

$$F(z) = \frac{z}{z-1} - \frac{z}{z-e^{-aT}}$$

$$\therefore \ r(t) = 1 - e^{-at}$$

02 다음의 특성방정식 중 안정한 제어시스템은?

① $s^3 + 3s^2 + 4s + 5 = 0$

② $s^4 + 3s^3 - s^2 + s + 10 = 0$

③ $s^5 + s^3 + 2s^2 + 4s + 3 = 0$

④ $s^4 - 2s^3 - 3s^2 + 4s + 5 = 0$

해설 제어계가 안정될 때 필요조건

특성방정식의 모든 차수가 존재하고 각 계수의 부호가 같아야 한다.

03 그림의 신호흐름선도에서 전달함수 $\dfrac{C(s)}{R(s)}$ 는?

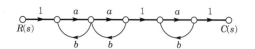

① $\dfrac{a^3}{(1-ab)^3}$ ② $\dfrac{a^3}{1-3ab+a^2b^2}$

③ $\dfrac{a^3}{1-3ab}$ ④ $\dfrac{a^3}{1-3ab+2a^2b^2}$

해설 전향경로 $n=1$

$G_1 = 1 \times a \times a \times 1 \times a \times 1 = a^3$, $\Delta_1 = 1$

$\Sigma L_{n_1} = ab + ab + ab = 3ab$

$\Sigma L_{n_2} = (ab \times ab) + (ab \times ab) = 2a^2b^2$

$\Delta = 1 - \Sigma L_{n_1} + \Sigma L_{n_2}$

$\quad = 1 - 3ab + 2a^2b^2$

$\therefore$ 전달함수 $\dfrac{C(s)}{R(s)} = \dfrac{G_1 \Delta_1}{\Delta}$

$$= \frac{a^3}{1-3ab+2a^2b^2}$$

04 그림과 같은 블록선도에서 제어시스템에 단위계단함수가 입력되었을 때 정상상태 오차가 0.01이 되는 a의 값은?

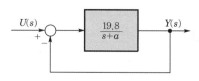

① 0.2   ② 0.6

③ 0.8   ④ 1.0

해설 정상위치편차 $e_{ssp} = \dfrac{1}{1+k_p}$

위치편차상수 $k_p = \lim_{s \to 0} G_{(s)} = \lim_{s \to 0} \dfrac{19.8}{s+a} = \dfrac{19.8}{a}$

$\therefore \ 0.01 = \dfrac{1}{1 + \dfrac{19.8}{a}}$

$\therefore \ a = 0.2$

05 그림과 같은 보드선도의 이득선도를 갖는 제어시스템의 전달함수는?

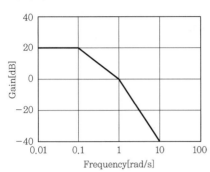

① $G(s) = \dfrac{10}{(s+1)(s+10)}$

② $G(s) = \dfrac{10}{(s+1)(10s+1)}$

③ $G(s) = \dfrac{20}{(s+1)(s+10)}$

④ $G(s) = \dfrac{20}{(s+1)(10s+1)}$

해설 절점주파수 $\omega_c = \dfrac{1}{T}[\text{rad/s}]$

보드선도의 절점주파수 $\omega_1 = 0.1$, $\omega_2 = 1$이므로

$G(j\omega) = \dfrac{K}{(1+j10\omega_1)(1+j\omega_2)}$

$\therefore G(s) = \dfrac{K}{(1+10s)(1+s)} = \dfrac{K}{(s+1)(10s+1)}$

보드선도이득 근사값에 의해

$G(s) = \dfrac{10}{(s+1)(10s+1)}$

06 그림과 같은 블록선도의 전달함수 $\dfrac{C(s)}{R(s)}$는?

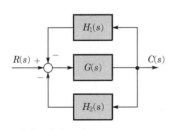

① $\dfrac{G(s)H_1(s)H_2(s)}{1+G(s)H_1(s)H_2(s)}$

② $\dfrac{G(s)}{1+G(s)H_1(s)H_2(s)}$

③ $\dfrac{G(s)}{1-G(s)[H_1(s)+H_2(s)]}$

④ $\dfrac{G(s)}{1+G(s)[H_1(s)+H_2(s)]}$

해설 $\{R(s) - C_{(s)}H_1(s) - C(s)H_2(s)\}G(s) = C(s)$

$R(s)G(s) = C(s)(1+G(s)H_1(s)+G(s)H_2(s))$

$\therefore \dfrac{C(s)}{R(s)} = \dfrac{G(s)}{1+G(s)H_1(s)+G(s)H_2(s)}$

$= \dfrac{G(s)}{1+G(s)[H_1(s)+H_2(s)]}$

07 그림과 같은 논리회로와 등가인 것은?

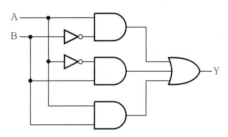

① 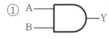 ②

③ 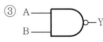 ④

해설 논리식을 간이화하면 다음과 같다.

$Y = A\overline{B} + \overline{A}B + AB$

$= A(\overline{B}+B) + \overline{A}B$

$= A + \overline{A}B$

$= A(1+B) + \overline{A}B$

$= A + AB + \overline{A}B$

$= A + B(A+\overline{A})$

$= A + B$

$\therefore$ A B → Y (OR gate)

08 다음의 개루프 전달함수에 대한 근궤적의 점근선이 실수축과 만나는 교차점은?

$$G(s)H(s) = \frac{K(s+3)}{s^2(s+1)(s+3)(s+4)}$$

① $\dfrac{5}{3}$

② $-\dfrac{5}{3}$

③ $\dfrac{5}{4}$

④ $-\dfrac{5}{4}$

해설 점근선의 교차점

$$\sigma = \frac{\Sigma G(s)H(s)\text{의 극점} - \Sigma G(s)H(s)\text{의 영점}}{P - Z}$$

영점의 개수 $Z = 1$이고
극점의 개수 $P = 5$이므로

$$\therefore \sigma = \frac{(0-1-3-4)-(-3)}{5-1} = -\frac{5}{4}$$

09 블록선도에서 ⓐ에 해당하는 신호는?

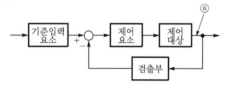

① 조작량

② 제어량

③ 기준입력

④ 동작신호

해설 **제어량** : 제어를 받는 제어계의 출력량으로 제어대상에 속하는 양이다.

10 다음의 미분방정식과 같이 표현되는 제어 시스템이 있다. 이 제어시스템을 상태방정식 $\dot{x} = Ax + Bu$로 나타내었을 때 시스템 행렬 A는?

$$\frac{d^3c(t)}{dt^3} + 5\frac{d^2c(t)}{dt^2} + \frac{dc(t)}{dt} + 2c(t) = r(t)$$

① $\begin{bmatrix} 0 & 1 & 0 \\ 0 & 0 & 1 \\ -2 & -1 & -5 \end{bmatrix}$

② $\begin{bmatrix} 1 & 0 & 0 \\ 0 & 1 & 0 \\ -2 & -1 & -5 \end{bmatrix}$

③ $\begin{bmatrix} 0 & 1 & 0 \\ 0 & 0 & 1 \\ 2 & 1 & 5 \end{bmatrix}$

④ $\begin{bmatrix} 1 & 0 & 0 \\ 0 & 1 & 0 \\ 2 & 1 & 5 \end{bmatrix}$

해설 • 상태변수

$$x_1(t) = c(t)$$

$$x_2(t) = \frac{dc(t)}{dt} = \frac{dx_1(t)}{dt} = \dot{x}_1(t)$$

$$x_3(t) = \frac{d^2c(t)}{dt^2} = \frac{dx_2(t)}{dt} = \dot{x}_2(t)$$

• 상태방정식

$$\dot{x}_3(t) = -2x_1(t) - x_2(t) - 5x_3(t) + r(t)$$

$$\begin{bmatrix} \dot{x}_1(t) \\ \dot{x}_2(t) \\ \dot{x}_3(t) \end{bmatrix} = \begin{bmatrix} 0 & 1 & 0 \\ 0 & 0 & 1 \\ -2 & -1 & -5 \end{bmatrix} \begin{bmatrix} x_1(t) \\ x_2(t) \\ x_3(t) \end{bmatrix} + \begin{bmatrix} 0 \\ 0 \\ 1 \end{bmatrix} r(t)$$

01 다음 블록선도의 전달함수 $\left(\dfrac{C(s)}{R(s)}\right)$는?

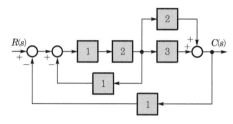

① $\dfrac{10}{9}$ ② $\dfrac{10}{13}$

③ $\dfrac{12}{9}$ ④ $\dfrac{12}{13}$

해설 전달함수 $\dfrac{C(s)}{R(s)} = \dfrac{\text{전향경로이득의 합}}{1-\text{loop이득의 합}}$

- 전향경로이득의 합 : $\{(1\times2\times3)+(1\times2\times2)\}=10$
- $1-\text{loop}$이득의 합 : $1-\{-(1\times2\times1)$
  $\quad\quad\quad\quad\quad\quad -(1\times2\times3\times1)$
  $\quad\quad\quad\quad\quad\quad -(1\times2\times2\times1)\}=13$

∴ 전달함수 $\dfrac{C(s)}{R(s)} = \dfrac{10}{13}$

02 다음의 논리식과 등가인 것은?

$$Y = (A+B)(\overline{A}+B)$$

① $Y = A$ ② $Y = B$

③ $Y = \overline{A}$ ④ $Y = \overline{B}$

해설 $Y = (A+B)(\overline{A}+B)$
$= A\overline{A}+AB+\overline{A}B+BB$
$= AB+\overline{A}B+B$
$= B(A+\overline{A}+1)$
$= B$

03 전달함수가 $G(s) = \dfrac{1}{0.1s(0.01s+1)}$과 같은 제어시스템에서 $\omega=0.1$[rad/s]일 때의 이득[dB]과 위상각[°]은 약 얼마인가?

① 40[dB], $-90°$

② -40[dB], $90°$

③ 40[dB], $-180°$

④ -40[dB], $-180°$

해설 $G(j\omega) = \dfrac{1}{j0.1\omega(j0.01\omega+1)}$

$\omega=0.1$[rad/s]일 때

$G(j\omega) = \dfrac{1}{j0.1\omega(j0.01\omega+1)}\bigg|_{\omega=0.1}$

$\quad\quad = \dfrac{1}{j0.01(j0.001+1)}$

$|G(j\omega)| = \dfrac{1}{0.01\sqrt{1+(0.001)^2}} \fallingdotseq \dfrac{1}{0.01} \fallingdotseq 100$

∴ 이득 $g \fallingdotseq 20\log|G(j\omega)| = 20\log100$

$\quad\quad\quad\quad = 20\log10^2 = 40$[dB]

위상각 $\theta = -\left(90° + \tan^{-1}\dfrac{0.001}{1}\right) \fallingdotseq -90°$

04 기본 제어요소인 비례요소의 전달함수는? (단, K는 상수이다.)

① $G(s) = K$ ② $G(s) = Ks$

③ $G(s) = \dfrac{K}{s}$ ④ $G(s) = \dfrac{K}{s+K}$

해설 기본 제어요소의 전달함수

- 비례요소의 전달함수 $G(s) = K$
- 미분요소의 전달함수 $G(s) = Ks$
- 적분요소의 전달함수 $G(s) = \dfrac{K}{s}$
- 1차 지연요소의 전달함수 $G(s) = \dfrac{K}{Ts+1}$

05 다음의 개루프 전달함수에 대한 근궤적이 실수축에서 이탈하게 되는 분리점은 약 얼마인가?

$$G(s)H(s) = \frac{K}{s(s+3)(s+8)}, \quad K \geq 0$$

① -0.93 ② -5.74

③ -6.0 ④ -1.33

해설 특성방정식

$$1 + G(s)H(s) = 1 + \frac{K}{s(s+3)(s+8)} = 0$$

$$s(s+3)(s+8) + K = 0$$

$$s^3 + 11s^2 + 24s + K = 0$$

$$\therefore K = -(s^3 + 11s^2 + 24s)$$

s에 관하여 미분하면 $\dfrac{dK}{ds} = -(3s^2 + 22s + 24)$

분리점(분지점, 이탈점)은 $\dfrac{dK}{ds}$인 조건을 만족하는

s의 근을 의미하므로

$3s^2 + 22s + 24 = 0$의 근

$$s = \frac{-11 \pm \sqrt{11^2 - 3 \times 24}}{3} = \frac{-11 \pm \sqrt{49}}{3}$$

$$= \frac{-11 \pm 7}{3}$$

$$\therefore s = -1.33, \ -6$$

실수축상의 근궤적 존재 구간

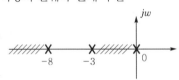

0과 -3, -8과 $-\infty$ 사이의 실수축상에 있으므로 분리점(분지점, 이탈점) $s = -1.33$이 된다.

06 $F(z) = \dfrac{(1 - e^{-aT})z}{(z-1)(z - e^{-aT})}$ 의 역 z 변환은?

① $t \cdot e^{-at}$ ② $a^t \cdot e^{-at}$

③ $1 + e^{-at}$ ④ $1 - e^{-at}$

해설 $\dfrac{F(z)}{z}$ 형태로 부분 분수 전개하면

$$\frac{F(z)}{z} = \frac{(1 - e^{-aT})}{(z-1)(z - e^{-aT})}$$

$$= \frac{k_1}{z-1} + \frac{k_2}{z - e^{-aT}}$$

$$k_1 = \lim_{z \to 1} \frac{1 - e^{-aT}}{z - e^{-aT}} = 1$$

$$k_2 = \lim_{z \to e^{-aT}} \frac{1 - e^{-aT}}{z - 1} = -1$$

$$\frac{F(z)}{z} = \frac{1}{z-1} - \frac{1}{z - e^{-aT}}$$

$$F(z) = \frac{z}{z-1} - \frac{z}{z - e^{-aT}}$$

$$\therefore \overset{*}{f}(t) = 1 - e^{-at}$$

07 제어시스템의 전달함수가 $T(s) = \dfrac{1}{4s^2 + s + 1}$ 과 같이 표현될 때 이 시스템의 고유주파수 (ω_n[rad/s])와 감쇠율(ζ)은?

① $\omega_n = 0.25$, $\zeta = 1.0$

② $\omega_n = 0.5$, $\zeta = 0.25$

③ $\omega_n = 0.5$, $\zeta = 0.5$

④ $\omega_n = 1.0$, $\zeta = 0.5$

해설 전달함수

$$T(s) = \frac{1}{4s^2 + s + 1} = \frac{4}{s^2 + \frac{1}{4}s + \frac{1}{4}}$$

$$= \frac{2^2}{s^2 + \frac{1}{4}s + \left(\frac{1}{2}\right)^2}$$

$\therefore$ 고유주파수

$$\omega_n = \frac{1}{2} = 0.5 \text{[rad/s]}$$

$$2\zeta\omega_n = \frac{1}{4}, \ \text{감쇠율} \ \zeta = \frac{\frac{1}{4}}{2 \times 0.5} = \frac{1}{4} = 0.25$$

08 다음의 상태방정식으로 표현되는 시스템의 상태천이행렬은?

$$\begin{bmatrix} \dfrac{d}{dt}x_1 \\ \dfrac{d}{dt}x_2 \end{bmatrix} = \begin{bmatrix} 0 & 1 \\ -3 & -4 \end{bmatrix} \begin{bmatrix} x_1 \\ x_2 \end{bmatrix}$$

① $\begin{bmatrix} 1.5e^{-t}-0.5e^{-3t} & -1.5e^{-t}+1.5e^{-3t} \\ 0.5e^{-t}-0.5e^{-3t} & -0.5e^{-t}+1.5e^{-3t} \end{bmatrix}$

② $\begin{bmatrix} 1.5e^{-t}-0.5e^{-3t} & 0.5e^{-t}-0.5e^{-3t} \\ -1.5e^{-t}+1.5e^{-3t} & -0.5e^{-t}+1.5e^{-3t} \end{bmatrix}$

③ $\begin{bmatrix} 1.5e^{-t}-0.5e^{-4t} & 0.5e^{-t}-0.5e^{-4t} \\ -1.5e^{-t}+1.5e^{-4t} & -0.5e^{-t}+1.5e^{-4t} \end{bmatrix}$

④ $\begin{bmatrix} 1.5e^{-t}-0.5e^{-4t} & -1.5e^{-t}+1.5e^{-4t} \\ 0.5e^{-t}-0.5e^{-4t} & -0.5e^{-t}+1.5e^{-4t} \end{bmatrix}$

해설 상태천이행렬 $\Phi(t) = \mathcal{L}^{-1}[sI-A]^{-1}$

$[sI-A] = \begin{bmatrix} s & 0 \\ 0 & s \end{bmatrix} - \begin{bmatrix} 0 & 1 \\ -3 & -4 \end{bmatrix} = \begin{bmatrix} s & -1 \\ 3 & s+4 \end{bmatrix}$

$[sI-A]^{-1} = \dfrac{1}{\begin{vmatrix} s & -1 \\ 3 & s+4 \end{vmatrix}} \begin{bmatrix} s+4 & 1 \\ -3 & s \end{bmatrix}$

$= \dfrac{1}{s^2+4s+3} \begin{bmatrix} s+4 & 1 \\ -3 & s \end{bmatrix}$

$= \begin{bmatrix} \dfrac{s+4}{(s+1)(s+3)} & \dfrac{1}{(s+1)(s+3)} \\ \dfrac{-3}{(s+1)(s+3)} & \dfrac{s}{(s+1)(s+3)} \end{bmatrix}$

$\mathcal{L}^{-1}[sI-A]^{-1}$

$= \mathcal{L}^{-1} \begin{bmatrix} \dfrac{s+4}{(s+1)(s+3)} & \dfrac{1}{(s+1)(s+3)} \\ \dfrac{-3}{(s+1)(s+3)} & \dfrac{s}{(s+1)(s+3)} \end{bmatrix}$

$= \begin{bmatrix} 1.5e^{-t}-0.5e^{-3t} & 0.5e^{-t}-0.5e^{-3t} \\ -1.5e^{-t}+1.5e^{-3t} & -0.5e^{-t}+1.5e^{-3t} \end{bmatrix}$

09 제어시스템의 특성방정식이 $s^4+s^3-3s^2-s+2=0$와 같을 때, 이 특성방정식에서 s평면의 오른쪽에 위치하는 근은 몇 개인가?

① 0   ② 1

③ 2   ④ 3

해설 라우스의 안정도 판별법에서 제1열의 원소 중 부호변화의 개수 만큼의 근이 우반평면(s평면의 오른쪽)에 존재하므로
라우스표(수열)

s^4	1	-3	2
s^3	1	-1	0
s^2	-2	2	
s^1	0	0	

보조방정식 $f(s) = -2s^2+2$

보조방정식을 s에 관해서 미분하면 $\dfrac{df(s)}{ds} = -4s$

라우스의 표에서 0인 행에 $\dfrac{df(s)}{ds}$의 계수로 대치하면

s^4	1	-3	2
s^3	1	-1	0
s^2	-2	2	
s^1	-4	0	
s^0	2	0	

제1열 부호 변화가 2번 있으므로 s평면의 오른쪽에 위치하는 근, 즉 불안정근이 2개 있다.

10 그림의 신호흐름선도를 미분방정식으로 표현한 것으로 옳은 것은? (단, 모든 초기 값은 0이다.)

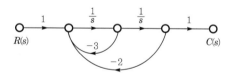

① $\dfrac{d^2c(t)}{dt^2} + 3\dfrac{dc(t)}{dt} + 2c(t) = r(t)$

② $\dfrac{d^2c(t)}{dt^2} + 2\dfrac{dc(t)}{dt} + 3c(t) = r(t)$

③ $\dfrac{d^2c(t)}{dt^2} - 3\dfrac{dc(t)}{dt} - 2c(t) = r(t)$

④ $\dfrac{d^2c(t)}{dt^2} - 2\dfrac{dc(t)}{dt} - 3c(t) = r(t)$

해설

전달함수 $\dfrac{C(s)}{R(s)} = \dfrac{\sum\limits_{k=1}^{n} G_k \Delta_k}{\Delta} = \dfrac{G_1 \Delta_1}{\Delta}$

전향경로 $n = 1$

$G_1 = 1 \times \dfrac{1}{s} \times \dfrac{1}{s} \times 1 = \dfrac{1}{s^2}$

$\Delta_1 = 1$

$\Delta = 1 - \left(-\dfrac{3}{s} - \dfrac{2}{s^2} \right) = 1 + \dfrac{3}{s} + \dfrac{2}{s^2}$

$\therefore \dfrac{C(s)}{R(s)} = \dfrac{\dfrac{1}{s^2}}{1 + \dfrac{3}{s} + \dfrac{2}{s^2}} = \dfrac{1}{s^2 + 3s + 2}$

$(s^2 + 3s + 2)C(s) = R(s)$

역라플라스 변환으로 미분방정식을 구하면

$\dfrac{d^2 c(t)}{dt^2} + 3\dfrac{dc(t)}{dt} + 2c(t) = r(t)$

01 다음 그림과 같은 제어계가 안정하기 위한 K의 범위는?

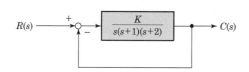

① $K > 0$
② $K > 6$
③ $0 < K < 6$
④ $1 < K < 8$

[해설] 특성방정식은

$$1 + G(s)H(s) = 1 + \frac{K}{s(s+1)(s+2)} = 0$$

$$s(s+1)(s+2) + K = s^3 + 3s^2 + 2s + K = 0$$

라우스의 표

s^3	1	2
s^2	3	K
s^1	$\dfrac{6-K}{3}$	0
s^0	K	

제1열의 부호 변화가 없어야 안정

$$\frac{6-K}{3} > 0, \quad K > 0$$

$$\therefore \ 0 < K < 6$$

02 다음 블록선도의 전체 전달함수가 1이 되기 위한 조건은?

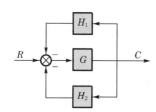

① $G = \dfrac{1}{1 - H_1 - H_2}$
② $G = \dfrac{1}{1 + H_1 + H_2}$
③ $G = \dfrac{-1}{1 - H_1 - H_2}$
④ $G = \dfrac{-1}{1 + H_1 + H_2}$

[해설] $(R - CH_1 - CH_2)G = C$

$$RG = C(1 + H_1G + H_2G)$$

전체 전달함수 $\dfrac{C}{R} = \dfrac{G}{1 + H_1G + H_2G}$

$$\therefore \ 1 = \frac{G}{1 + H_1G + H_2G}$$

$$G = 1 + H_1G + H_2G$$

$$G(1 - H_1 - H_2) = 1$$

$$G = \frac{1}{1 - H_1 - H_2}$$

03 다음 계통의 상태 천이 행렬 $\Phi(t)$를 구하면?

$$\begin{bmatrix} \dot{x_1} \\ \dot{x_2} \end{bmatrix} = \begin{bmatrix} 0 & 1 \\ -2 & -3 \end{bmatrix} \begin{bmatrix} x_1 \\ x_2 \end{bmatrix}$$

① $\begin{bmatrix} 2e^{-t} - e^{2t} & -e^{-t} - e^{-2t} \\ -2e^{-t} + 2e^{2t} & -e^t + 2e^{2t} \end{bmatrix}$

② $\begin{bmatrix} 2e^{-t} - e^{2t} & -e^{-t} + e^{-2t} \\ 2e^t - 2e^{2t} & e^{-t} + 2e^{-2t} \end{bmatrix}$

③ $\begin{bmatrix} -2e^{-t} - e^{-2t} & -e^{-t} - e^{-2t} \\ -2e^{-t} + 2e^{-2t} & -e^{-t} + 2e^{-2t} \end{bmatrix}$

④ $\begin{bmatrix} 2e^{-t} - e^{-2t} & e^{-t} - e^{-2t} \\ -2e^{-t} + 2e^{-2t} & -e^{-t} + 2e^{-2t} \end{bmatrix}$

[해설] $\Phi(t) = \mathcal{L}^{-1}[sI - A]^{-1}$

$$[sI - A] = \begin{bmatrix} s & 0 \\ 0 & s \end{bmatrix} - \begin{bmatrix} 0 & 1 \\ -2 & -3 \end{bmatrix} = \begin{bmatrix} s & -1 \\ 2 & (s+3) \end{bmatrix}$$

$$[sI - A]^{-1} = \frac{1}{\begin{vmatrix} s & -1 \\ 2 & s+3 \end{vmatrix}} \begin{bmatrix} s+3 & 1 \\ -2 & s \end{bmatrix}$$

$$= \frac{1}{s^2 + 3s + 2} \begin{bmatrix} s+3 & 1 \\ -2 & s \end{bmatrix}$$

$$= \begin{bmatrix} \dfrac{s+3}{(s+1)(s+2)} & \dfrac{1}{(s+1)(s+2)} \\ \dfrac{-2}{(s+1)(s+2)} & \dfrac{s}{(s+1)(s+2)} \end{bmatrix}$$

$$\therefore \ \Phi(t) = \mathcal{L}^{-1}\{[sI - A]^{-1}\}$$

$$= \begin{bmatrix} 2e^{-t} - e^{-2t} & e^{-t} - e^{-2t} \\ -2e^{-t} + 2e^{-2t} & -e^{-t} + 2e^{-2t} \end{bmatrix}$$

[정답] 01. ③ 02. ① 03. ④

04 $G(s)H(s) = \dfrac{K(s+1)}{s(s+2)(s+3)}$ 에서 근궤적의 수는?

① 1 　　② 2

③ 3 　　④ 4

> **해설** 영점의 개수 $z=1$이고, 극점의 개수 $p=3$이므로 근궤적의 개수는 3개가 된다.

05 $\overline{A}BC + \overline{A}B\overline{C} + A\overline{B}\overline{C} + AB\overline{C} + \overline{A}\,\overline{B}C$ $+ \overline{A}\,\overline{B}\,\overline{C}$의 논리식을 간략화하면?

① $A + AC$ 　　② $A + C$

③ $\overline{A} + A\overline{B}$ 　　④ $\overline{A} + A\overline{C}$

> **해설** $\overline{A}BC + \overline{A}B\overline{C} + A\overline{B}\overline{C} + AB\overline{C} + \overline{A}\,\overline{B}C + \overline{A}\,\overline{B}\,\overline{C}$
> $= \overline{A}B(C+\overline{C}) + A\overline{C}(\overline{B}+B) + \overline{A}\,\overline{B}(C+\overline{C})$
> $= \overline{A}B + A\overline{C} + \overline{A}\,\overline{B}$
> $= \overline{A}(B+\overline{B}) + A\overline{C}$
> $= \overline{A} + A\overline{C}$

06 다음과 같은 시스템에 단위계단입력 신호가 가해졌을 때 지연시간에 가장 가까운 값 [sec]은?

$$\frac{C(s)}{R(s)} = \frac{1}{s+1}$$

① 0.5 　　② 0.7

③ 0.9 　　④ 1.2

> **해설** $C(s) = \dfrac{1}{s+1} \cdot R(s) = \dfrac{1}{s(s+1)}$
> $\therefore c(t) = \pounds^{-1}C(s)$
> $\quad = \pounds^{-1}\left(\dfrac{1}{s} - \dfrac{1}{s+1}\right) = 1 - e^{-t}$
> 지연시간 T_d는 응답이 최종값의 50[%]에 도달하는 데 요하는 시간
> $0.5 = 1 - e^{-T_d}$, $\dfrac{1}{2} = e^{-T_d}$
> $\ln 1 - \ln 2 = -T_d$
> $\therefore$ 지연시간 $T_d = \ln 2 = 0.693 \fallingdotseq 0.7$[sec]

07 $G_{c1}(s) = K$, $G_{c2}(s) = \dfrac{1+0.1s}{1+0.2s}$, $G_p(s)$ $= \dfrac{200}{s(s+1)(s+2)}$ 인 그림과 같은 제어계에 단위 램프 입력을 가할 때, 정상 편차가 0.01이라면 K의 값은?

① 0.1 　　② 1

③ 10 　　④ 100

> **해설** $e_{ssv} = \dfrac{1}{\lim\limits_{s\to 0} s\,G(s)} = \dfrac{1}{K_v}$
> $K_v = \lim\limits_{s\to 0} s\,G(s)$
> $\quad = \lim\limits_{s\to 0} s \cdot \dfrac{200K(1+0.1s)}{s(1+0.2s)(s+1)(s+2)} = 100K$
> 정상 편차가 0.01인 경우 K의 값은
> $\dfrac{1}{100K} = 0.01$
> $\therefore K = 1$

08 그림과 같은 $R-L-C$ 회로망에서 입력 전압을 $e_i(t)$, 출력량을 $i(t)$로 할 때, 이 요소의 전달함수는 어느 것인가?

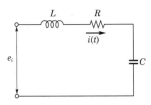

① $\dfrac{Rs}{LCs^2 + RCs + 1}$ 　　② $\dfrac{RLs}{LCs^2 + RCs + 1}$

③ $\dfrac{Ls}{LCs^2 + RCs + 1}$ 　　④ $\dfrac{Cs}{LCs^2 + RCs + 1}$

> **해설** $\dfrac{I(s)}{E(s)} = Y(s) = \dfrac{1}{Z(s)} = \dfrac{1}{R + Ls + \dfrac{1}{Cs}}$
> $\quad = \dfrac{Cs}{LCs^2 + RCs + 1}$
> (전압에 대한 전류의 비이므로 어드미턴스를 구한다.)

09 다음 신호흐름선도에서 특성방정식의 근은 얼마인가? (단, $G_1 = s + 2$, $G_2 = 1$, $H_1 = H_2 = -(s+1)$이다.)

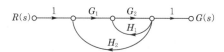

① -2, -2

② -1, -2

③ -1, 2

④ 1, 2

해설

메이슨 공식 $\dfrac{C(s)}{R(s)} = \dfrac{\sum\limits_{k=1}^{n} G_k \Delta k}{\Delta}$

전향경로 $n = 1$

전향경로이득 $G_1 = G_1 G_2 = s + 2$, $\Delta_1 = 1$

$\Delta = 1 - \sum L_{n_2} = 1 - G_2 H_1 - G_1 G_2 H_2$

$\quad = 1 + (s+1) + (s+2)(s+1) = s^2 + 4s + 4$

$\therefore$ 전달함수 $\dfrac{C(s)}{R(s)} = \dfrac{s+2}{s^2 + 4s + 4}$

특성방정식은 $s^2 + 4s + 4 = 0$, $(s+2)(s+2) = 0$

$\because$ 특성방정식의 근 $s = -2, -2$

10 다음 그림에 대한 논리 게이트는?

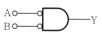

① NOT

② NAND

③ OR

④ NOR

해설 주어진 회로의 논리식 $Y = \overline{A} \cdot \overline{B}$ 이다.
드모르간의 정리에서 $\overline{A+B} = \overline{A} \cdot \overline{B}$ 이므로 논리합 부정회로인 NOR GATE가 된다.

01 다음 상태방정식 $\dot{x} = Ax + Bu$에서 $A = \begin{bmatrix} 0 & 1 \\ -2 & -3 \end{bmatrix}$일 때, 특성방정식의 근은?

① -2, -3

② -1, -2

③ -1, -3

④ 1, -3

해설 특성방정식 $|sI-A| = 0$

$|sI-A| = \begin{vmatrix} s & -1 \\ 2 & s+3 \end{vmatrix} = s(s+3)+2$

$\qquad\quad = s^2 + 3s + 2 = 0$

$(s+1)(s+2) = 0$

$\therefore\ s = -1,\ -2$

02 개루프 전달함수 $G(s)$가 다음과 같이 주어지는 단위 부궤환계가 있다. 단위 계단 입력이 주어졌을 때, 정상상태편차가 0.05가 되기 위해서는 K의 값은 얼마인가?

$$G(s) = \frac{6K(s+1)}{(s+2)(s+3)}$$

① 19 ② 20

③ 0.95 ④ 0.05

해설
• 정상위치편차 $e_{ssp} = \dfrac{1}{1+K_p}$

• 정상위치편차상수 $K_p = \lim\limits_{s\to 0} G(s)$

$0.05 = \dfrac{1}{1+K_p}$

$K_p = \lim\limits_{s\to 0} \dfrac{6K(s+1)}{(s+2)(s+3)} = K$

$0.05 = \dfrac{1}{1+K}$

$\therefore\ K = 19$

03 전달 함수가 $G_C(s) = \dfrac{2s+5}{7s}$인 제어기가 있다. 이 제어기는 어떤 제어기인가?

① 비례 미분 제어기

② 적분 제어기

③ 비례 적분 제어기

④ 비례 적분 미분 제어기

해설 $G_c(s) = \dfrac{2s+5}{7s} = \dfrac{2}{7} + \dfrac{5}{7s} = \dfrac{2}{7}\left(1 + \dfrac{1}{\dfrac{2}{5}s}\right)$

비례 감도 $K_p = \dfrac{2}{7}$

적분 시간 $T_i = \dfrac{2}{5}s$인 비례 적분 제어기이다.

04 단위궤환제어시스템의 전향경로 전달함수가 $G(s) = \dfrac{K}{s(s^2+5s+4)}$일 때, 이 시스템이 안정하기 위한 K의 범위는?

① $K < -20$ ② $-20 < K < 0$

③ $0 < K < 20$ ④ $20 < K$

해설 단위궤환제어이므로 $H(s) = 1$이므로

특성방정식은 $1 + \dfrac{K}{s(s^2+5s+4)} = 0$

$s(s^2+5s+4) + K = 0$

$s^3 + 5s^2 + 4s + K = 0$

라우스의 표

s^3	1	4
s^2	5	K
s^1	$\dfrac{20-K}{5}$	0
s^0	K	

제1열의 부호 변화가 없어야 안정하므로

$\dfrac{20-K}{5} > 0$, $K > 0$ $\quad \therefore\ 0 < K < 20$

05 $\overline{A} + \overline{B} \cdot \overline{C}$ 와 동일한 것은?

① $\overline{A + BC}$ 　　　　② $\overline{A(B+C)}$

③ $\overline{A \cdot B + C}$ 　　　④ $\overline{A \cdot B} + C$

[해설] $\overline{A(B+C)} = \overline{A} + \overline{(B+C)}$
$= \overline{A} + \overline{B} \cdot \overline{C}$

06 $G(s)H(s) = \dfrac{K(s+1)}{s^2(s+2)(s+3)}$ 에서 점근선의 교차점을 구하면?

① $-\dfrac{5}{6}$ 　　　　② $-\dfrac{1}{5}$

③ $-\dfrac{4}{3}$ 　　　　④ $-\dfrac{1}{3}$

[해설] $\sigma = \dfrac{\sum G(s)H(s) 의 극점 - \sum G(s)H(s)의 영점}{p-z}$

$= \dfrac{(0-2-3)-(-1)}{4-1}$

$= -\dfrac{4}{3}$

07 $G(s) = \dfrac{1}{1+5s}$ 일 때, 절점에서 절점주파수 ω_c[rad/s]를 구하면?

① 0.1 　　　② 0.5

③ 0.2 　　　④ 5

[해설] $G(j\omega) = \dfrac{1}{1+j5\omega}$

$5\omega_c = 1$

$\therefore \omega_c = \dfrac{1}{5} = 0.2[\text{rad/s}]$

08 개루프 전달함수가 $\dfrac{(s+2)}{(s+1)(s+3)}$ 인 부귀환 제어계의 특성방정식은?

① $s^2 + 5s + 5 = 0$ 　　② $s^2 + 5s + 6 = 0$

③ $s^2 + 6s + 5 = 0$ 　　④ $s^2 + 4s - 3 = 0$

[해설] 부귀환 제어계의 폐루프 전달함수는

$\dfrac{C(s)}{R(s)} = \dfrac{G(s)}{1 + G(s)H(s)}$

여기서, $G(s)$: 전향 전달함수
　　　　$H(s)$: 피드백 전달함수

전달함수의 분모 $1 + G(s)H(s) = 0$: 특성방정식

$1 + \dfrac{(s+2)}{(s+1)(s+3)} = 0$

$(s+1)(s+3) + (s+2) = 0$

$\therefore s^2 + 5s + 5 = 0$

09 그림과 같은 블록선도에 대한 등가전달함수를 구하면?

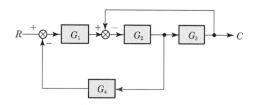

① $\dfrac{G_1 G_2 G_3}{1 + G_2 G_3 + G_1 G_2 G_4}$

② $\dfrac{G_1 G_2 G_3}{1 + G_1 G_2 + G_1 G_2 G_3}$

③ $\dfrac{G_1 G_2 G_3}{1 + G_1 G_2 + G_1 G_2 G_4}$

④ $\dfrac{G_1 G_2 G_3}{1 + G_2 G_3 + G_1 G_2 G_3}$

[해설] G_3 앞의 인출점을 G_3 뒤로 이동하면 다음과 같다.

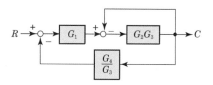

$\left\{ \left(R - C \dfrac{G_4}{G_3} \right) G_1 - C \right\} G_2 G_3 = C$

$RG_1 G_2 G_3 - CG_1 G_2 G_4 - C(G_2 G_3) = C$

$RG_1 G_2 G_3 = C(1 + G_2 G_3 + G_1 G_2 G_4)$

$\therefore G(s) = \dfrac{C}{R} = \dfrac{G_1 G_2 G_3}{1 + G_2 G_3 + G_1 G_2 G_4}$

[정답] 05. ②　06. ③　07. ③　08. ①　09. ①

10 $G(s)H(s) = \dfrac{2}{(s+1)(s+2)}$ 의 이득여유[dB]를 구하면?

① 20

② -20

③ 0

④ 무한대

해설 $G(j\omega)H(j\omega) = \dfrac{2}{(j\omega+1)(j\omega+2)}$

$$= \dfrac{2}{-\omega^2 + 2 + j3\omega}$$

$$|G(j\omega)H(j\omega)|_{\omega_c=0} = \left| \dfrac{2}{-\omega^2+2} \right|_{\omega_c=0} = \dfrac{2}{2} = 1$$

$$\therefore\ GM = 20\log\dfrac{1}{|GH_c|} = 20\log\dfrac{1}{1} = 0\,[\text{dB}]$$

01 다음 운동방정식으로 표시되는 계의 계수 행렬 A는 어떻게 표시되는가?

$$\frac{d^2c(t)}{dt^2}+3\frac{dc(t)}{dt}+2c(t)=r(t)$$

① $\begin{bmatrix} -2 & -3 \\ 0 & 1 \end{bmatrix}$ ② $\begin{bmatrix} 1 & 0 \\ -3 & -2 \end{bmatrix}$

③ $\begin{bmatrix} 0 & 1 \\ -2 & -3 \end{bmatrix}$ ④ $\begin{bmatrix} -3 & -2 \\ 1 & 0 \end{bmatrix}$

해설 상태변수 $x_1(t)=c(t)$

$x_2(t)=\dfrac{dc(t)}{dt}$

상태방정식 $\dot{x}_1(t)=x_2(t)$

$\qquad\qquad \dot{x}_2(t)=-2x_1(t)-3x_2(t)+r(t)$

$$\begin{bmatrix} \dot{x}_1(t) \\ \dot{x}_2(t) \end{bmatrix}=\begin{bmatrix} 0 & 1 \\ -2 & -3 \end{bmatrix}\begin{bmatrix} x_1(t) \\ x_2(t) \end{bmatrix}+\begin{bmatrix} 0 \\ 1 \end{bmatrix}r(t)$$

∴ 계수 행렬(시스템 매트릭스) $A=\begin{bmatrix} 0 & 1 \\ -2 & -3 \end{bmatrix}$

02 그림과 같이 2중 입력으로 된 블록선도의 출력 C는?

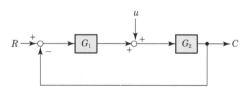

① $\left(\dfrac{G_2}{1-G_1G_2}\right)(G_1R+u)$

② $\left(\dfrac{G_2}{1+G_1G_2}\right)(G_1R+u)$

③ $\left(\dfrac{G_2}{1-G_1G_2}\right)(G_1R-u)$

④ $\left(\dfrac{G_2}{1+G_1G_2}\right)(G_1R-u)$

해설 외란이 있는 경우이므로 입력에서부터 해석해 간다.

$\{(R-C)G_1+u\}G_2=C$

$RG_1G_2-CG_1G_2+uG_2=C$

$RG_1G_2+uG_2=C(1+G_1G_2)$

$\therefore C=\dfrac{G_1G_2}{1+G_1G_2}R+\dfrac{G_2}{1+G_1G_2}u$

$\quad=\dfrac{G_2}{1+G_1G_2}(G_1R+u)$

03 자동제어의 추치제어 3종이 아닌 것은?

① 프로세스제어

② 추종제어

③ 비율제어

④ 프로그램제어

해설 추치제어에는 추종제어, 프로그램제어, 비율제어가 있다.

04 그림에서 블록선도로 보인 안정한 제어계의 단위 경사 입력에 대한 정상상태오차는?

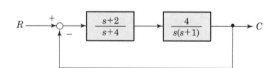

① 0   ② $\dfrac{1}{4}$

③ $\dfrac{1}{2}$ ④ ∞

해설 $K_v=\lim_{s\to 0}sG(s)=\lim_{s\to 0}s\cdot\dfrac{4(s+2)}{s(s+1)(s+4)}=2$

∴ 정상속도편차 $e_{ssv}=\dfrac{1}{K_v}=\dfrac{1}{2}$

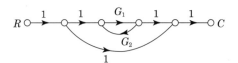

05

$G(j\omega) = \dfrac{1}{1+j\omega T}$ 인 제어계에서 절점주파수일 때의 이득[dB]은?

① 약 -1 ② 약 -2

③ 약 -3 ④ 약 -4

해설 절점주파수 $\omega_o = \dfrac{1}{T}$

$\therefore G(j\omega) = \dfrac{1}{1+j}$

이득 $g = 20\log_{10}\left|\dfrac{1}{1+j}\right| = 20\log_{10}\dfrac{1}{\sqrt{2}} = -3[\text{dB}]$

06

어떤 제어계의 전달함수가 다음과 같이 표시될 때, 이 계에 입력 $x(t)$를 가했을 경우 출력 $y(t)$를 구하는 미분 방정식은?

$$G(s) = \dfrac{2s+1}{s^2+s+1}$$

① $\dfrac{d^2y}{dt^2} + \dfrac{dy}{dt} + y = 2\dfrac{dx}{dt} + x$

② $\dfrac{d^2y}{dt^2} - 2\dfrac{dy}{dt} + y = \dfrac{dx}{dt} + x$

③ $\dfrac{d^2y}{dt^2} + 2\dfrac{dy}{dt} + y = -\dfrac{dx}{dt} + x$

④ $\dfrac{d^2y}{dt^2} + \dfrac{dy}{dt} + y^2 = \dfrac{dx}{dt} + x$

해설 $G(s) = \dfrac{Y(s)}{X(s)} = \dfrac{2s+1}{s^2+s+1}$

$(s^2+s+1)Y(s) = (2s+1)X(s)$

$\therefore \dfrac{d^2}{dt^2}y(t) + \dfrac{d}{dt}y(t) + y(t) = 2\dfrac{d}{dt}x(t) + x(t)$

07

$G(s)H(s) = \dfrac{K}{s^2(s+1)^2}$ 에서 근궤적의 수는 몇 개인가?

① 4 ② 2

③ 1 ④ 없다.

해설 근궤적의 개수는 z와 p 중 큰 것과 일치한다.

여기서, z : $G(s)H(s)$의 유한 영점(finite zero)의 개수

p : $G(s)H(s)$의 유한 극점(finite pole)의 개수

영점의 개수 $z=0$, 극점의 개수 $p=4$이므로 근궤적의 수는 4개이다.

08

단위부궤환 계통에서 $G(s)$가 다음과 같을 때, $K=2$이면 무슨 제동인가?

$$G(s) = \dfrac{K}{s(s+2)}$$

① 무제동 ② 임계제동

③ 과제동 ④ 부족제동

해설 $K=2$일 때, 특성방정식은

$1 + G(s) = 0$

$1 + \dfrac{K}{s(s+2)} = 0$

$s(s+2) + K = s^2 + 2s + 2 = 0$

2차계의 특성방정식 $s^2 + 2\delta\omega_n s + \omega_n^2 = 0$

$\omega_n = \sqrt{2}$

$2\delta\omega_n = 2$

$\therefore$ 제동비 $\delta = \dfrac{2}{2\sqrt{2}} = \dfrac{1}{\sqrt{2}} = 0.707$

$\therefore 0 < \delta < 1$인 경우이므로 부족제동 감쇠진동한다.

09

그림과 같은 신호흐름선도에서 $\dfrac{C}{R}$값은?

① $\dfrac{1+G_1+G_1G_2}{1+G_1G_2}$ ② $\dfrac{1+G_1-G_1G_2}{1-G_1G_2}$

③ $\dfrac{1+G_1G_2}{1+G_1+G_1G_2}$ ④ $\dfrac{1-G_1G_2}{1+G_1-G_1G_2}$

해설 $G_1 = G_1, \quad \Delta_1 = 1$

$G_2 = 1, \quad \Delta_2 = 1 - G_1 G_2$

$\Delta = 1 - L_{11} = 1 - G_1 G_2$

∴ 전달함수 $\dfrac{C}{R} = \dfrac{G_1 \Delta_1 + G_2 \Delta_2}{\Delta}$

$= \dfrac{G_1 + (1 - G_1 G_2)}{1 - G_1 G_2}$

$= \dfrac{1 + G_1 - G_1 G_2}{1 - G_1 G_2}$

10 다음 그림과 같은 회로는 어떤 논리 회로인가?

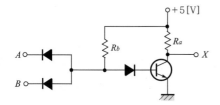

① AND 회로   ② NAND 회로

③ OR 회로   ④ NOR 회로

해설 그림은 NAND 회로이며, 논리 기호와 진리값 표
는 다음과 같다.

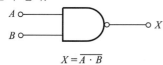

$$X = \overline{A \cdot B}$$

A	B	X
0	0	1
0	1	1
1	0	1
1	1	0

정답 10. ②

01 다음 시퀀스회로는 어떤 회로의 동작을 하는가?

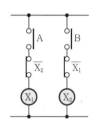

① 자기유지회로
② 인터록회로
③ 순차제어회로
④ 단안정회로

해설 인터록회로는 한쪽 기기가 동작하면 다른 쪽 기기는 동작할 수 없는 회로로 X_1 여자 시 X_2는 여자될 수 없고, X_2 여자 시 X_1은 여자될 수 없다.

02 자동제어계가 미분동작을 하는 경우 보상회로는 어떤 보상회로에 속하는가?

① 진지상보상
② 진상보상
③ 지상보상
④ 동상보상

해설 진상보상법은 출력위상이 입력위상보다 앞서도록 제어신호의 위상을 조정하는 보상법으로 미분회로는 진상보상회로이다.

03 $G(s) = \dfrac{\omega_n^2}{s^2 + 2\delta\omega_n s + \omega_n^2}$인 제어계에서 $\omega_n = 2$, $\delta = 0$으로 할 때의 단위 임펄스응답은?

① $2\sin 2t$
② $2\cos 2t$
③ $\sin 4t$
④ $\cos\dfrac{1}{4}t$

해설 임펄스응답이므로 입력
$$R(s) = \mathcal{L}\left[r(t)\right] = \mathcal{L}\left[\delta(t)\right] = 1$$
전달함수 $G(s) = \dfrac{C(s)}{R(s)}$
$$= \frac{\omega_n^2}{s^2 + 2\delta\omega_n s + \omega_n^2} = \frac{2^2}{s^2 + 2^2}$$
$$C(s) = \frac{2^2}{s^2 + 2^2}R(s) = \frac{2^2}{s^2 + 2^2} \cdot 1 = 2 \cdot \frac{2}{s^2 + 2^2}$$
단위 임펄스응답 $c(t) = \mathcal{L}^{-1}[C(s)] = 2\sin 2t$

04 다음 상태방정식 $\dot{x} = Ax + Bu$에서 $A = \begin{bmatrix} 0 & 1 \\ -2 & -3 \end{bmatrix}$일 때, 특성방정식의 근은?

① $-2, \ -3$
② $-1, \ -2$
③ $-1, \ -3$
④ $1, \ -3$

해설 특성방정식 $|sI - A| = 0$
$$|sI - A| = \begin{vmatrix} s & -1 \\ 2 & s+3 \end{vmatrix}$$
$$= s(s+3) + 2 = s^2 + 3s + 2 = 0$$
$$(s+1)(s+2) = 0$$
$$\therefore \ s = -1, \ -2$$

05 특성방정식 중에서 안정된 시스템인 것은?

① $2s^3 + 3s^2 + 4s + 5 = 0$
② $s^4 + 3s^3 - s^2 + s + 10 = 0$
③ $s^5 + s^3 + 2s^2 + 4s + 3 = 0$
④ $s^4 - 2s^3 - 3s^2 + 4s + 5 = 0$

해설 제어계가 안정될 때 필요조건
특성방정식의 모든 차수가 존재하고 각 계수의 부호가 같아야 한다.

06 일정 입력에 대해 잔류편차가 있는 제어계는 무엇인가?

① 비례제어계　　② 적분제어계

③ 비례적분제어계　④ 비례적분미분제어계

> **해설** 잔류편차(offset)는 정상상태에서의 오차를 뜻하며 비례제어(P동작)의 경우에 발생한다.

07 그림의 두 블록선도가 등가인 경우, A요소의 전달함수는?

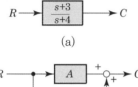

(a)

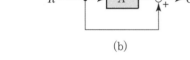

(b)

① $\dfrac{-1}{s+4}$　　② $\dfrac{-2}{s+4}$

③ $\dfrac{-3}{s+4}$　　④ $\dfrac{-4}{s+4}$

> **해설** 그림 (a)에서 $R \cdot \dfrac{s+3}{s+4} = C$
>
> $\therefore \dfrac{C}{R} = \dfrac{s+3}{s+4}$
>
> 그림 (b)에서 $RA + R = C, \ R(A+1) = C$
>
> $\therefore \dfrac{C}{R} = A+1$
>
> $\dfrac{s+3}{s+4} = A+1$
>
> $\therefore A = \dfrac{s+3}{s+4} - 1 = \dfrac{-1}{s+4}$

08 과도응답이 소멸되는 정도를 나타내는 감쇠비(decay ratio)는?

① $\dfrac{\text{최대 오버슈트}}{\text{제2오버슈트}}$　② $\dfrac{\text{제3오버슈트}}{\text{제2오버슈트}}$

③ $\dfrac{\text{제2오버슈트}}{\text{최대 오버슈트}}$　④ $\dfrac{\text{제2오버슈트}}{\text{제3오버슈트}}$

> **해설** 감쇠비는 과도응답이 소멸되는 속도를 나타내는 양으로 최대 오버슈트와 다음 주기에 오는 오버슈트의 비이다.

09 그림의 블록선도에서 등가전달함수는?

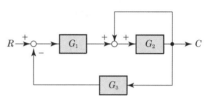

① $\dfrac{G_1 G_2}{1 + G_2 + G_1 G_2 G_3}$　② $\dfrac{G_1 G_2}{1 - G_2 + G_1 G_2 G_3}$

③ $\dfrac{G_1 G_3}{1 - G_2 + G_1 G_2 G_3}$　④ $\dfrac{G_1 G_3}{1 + G_2 + G_1 G_2 G_3}$

> **해설** $\{(R - CG_3)G_1 + C\}G_2 = C$
>
> $RG_1 G_2 - CG_1 G_2 G_3 + CG_2 = C$
>
> $RG_1 G_2 = C(1 - G_2 + G_1 G_2 G_3)$
>
> $\therefore$ 전달함수 $G(s) = \dfrac{C}{R} = \dfrac{G_1 G_2}{1 - G_2 + G_1 G_2 G_3}$

10 다음 그림에 있는 폐루프 샘플값 제어계의 전달함수는?

① $\dfrac{1}{1 + G(z)}$　　② $\dfrac{1}{1 - G(z)}$

③ $\dfrac{G(z)}{1 + G(z)}$　　④ $\dfrac{G(z)}{1 - G(z)}$

> **해설** 연속치를 샘플링한 것은 이산치로 볼 수 있으며 따라서 Z변환에서의 전달함수는 다음과 같다.
>
> $T(z) = \dfrac{C(z)}{R(z)} = \dfrac{G(z)}{1 + G(z)}$

정답 06. ①　07. ①　08. ③　09. ②　10. ③

01 다음 운동방정식으로 표시되는 계의 계수 행렬 A는 어떻게 표시되는가?

$$\frac{d^2c(t)}{dt^2} + 3\frac{dc(t)}{dt} + 2c(t) = r(t)$$

① $\begin{bmatrix} -2 & -3 \\ 0 & 1 \end{bmatrix}$ ② $\begin{bmatrix} 1 & 0 \\ -3 & -2 \end{bmatrix}$

③ $\begin{bmatrix} 0 & 1 \\ -2 & -3 \end{bmatrix}$ ④ $\begin{bmatrix} -3 & -2 \\ 1 & 0 \end{bmatrix}$

해설 상태변수 $x_1(t) = c(t)$

$$x_2(t) = \frac{dc(t)}{dt}$$

상태방정식 $\dot{x_1}(t) = x_2(t)$

$$\dot{x_2}(t) = -2x_1(t) - 3x_2(t) + r(t)$$

$$\begin{bmatrix} \dot{x_1}(t) \\ \dot{x_2}(t) \end{bmatrix} = \begin{bmatrix} 0 & 1 \\ -2 & -3 \end{bmatrix}\begin{bmatrix} x_1(t) \\ x_2(t) \end{bmatrix} + \begin{bmatrix} 0 \\ 1 \end{bmatrix}r(t)$$

∴ 계수 행렬(시스템 매트릭스) $A = \begin{bmatrix} 0 & 1 \\ -2 & -3 \end{bmatrix}$

02 그림의 전체 전달함수는?

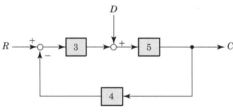

① 0.22 ② 0.33
③ 1.22 ④ 3.1

해설 그림에서 $3 = G_1$, $5 = G_2$, $4 = H_1$이라 하면

$$\{(R - CH_1)G_1 + D\}G_2 = C$$
$$RG_1G_2 - CH_1G_2G_1 + DG_2 = C$$
$$RG_1G_2 + DG_2 = C(1 + H_1G_1G_2)$$

∴ 출력 $C = \dfrac{G_1G_2 + G_2}{1 + H_1G_1G_2}R$

$G_1 = 3$, $G_2 = 5$, $H_1 = 4$를 대입하면

∴ 출력 $C = \dfrac{3 \cdot 5 + 5}{1 + 4 \cdot 3 \cdot 5} = \dfrac{20}{61} = 0.33$

03 그림에서 블록선도로 보인 안정한 제어계의 단위 경사 입력에 대한 정상상태오차는?

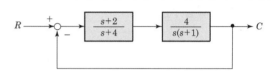

① 0 ② $\dfrac{1}{4}$

③ $\dfrac{1}{2}$ ④ ∞

해설 $K_v = \lim_{s \to 0} s\, G(s) = \lim_{s \to 0} s \cdot \dfrac{4(s+2)}{s(s+1)(s+4)} = 2$

∴ 정상속도편차 $e_{ssv} = \dfrac{1}{K_v} = \dfrac{1}{2}$

04 적분시간이 2분, 비례감도가 5인 PI 조절계의 전달함수는?

① $\dfrac{1+5s}{0.4s}$ ② $\dfrac{1+2s}{0.4s}$

③ $\dfrac{1+5s}{2s}$ ④ $\dfrac{1+0.4s}{2s}$

해설 PI동작이므로

∴ $G(s) = K_P\left(1 + \dfrac{1}{T_I s}\right) = 5\left(1 + \dfrac{1}{2s}\right) = \dfrac{1+2s}{0.4s}$

05 다음 중 z변환함수 $\dfrac{3z}{(z - e^{-3T})}$에 대응되는 라플라스 변환함수는?

① $\dfrac{1}{(s+3)}$ ② $\dfrac{3}{(s-3)}$

③ $\dfrac{1}{(s-3)}$ ④ $\dfrac{3}{(s+3)}$

해설 $3e^{-3t}$의 z변환 : $z[3e^{-3t}] = \dfrac{3z}{z - e^{-3T}}$

$\therefore \mathcal{L}[3e^{-3t}] = \dfrac{3}{s+3}$

06 과도응답이 소멸되는 정도를 나타내는 감쇠비(decay ratio)는?

① $\dfrac{\text{최대 오버슈트}}{\text{제2오버슈트}}$

② $\dfrac{\text{제3오버슈트}}{\text{제2오버슈트}}$

③ $\dfrac{\text{제2오버슈트}}{\text{최대 오버슈트}}$

④ $\dfrac{\text{제2오버슈트}}{\text{제3오버슈트}}$

해설 감쇠비는 과도응답이 소멸되는 속도를 나타내는 양으로 최대 오버슈트와 다음 주기에 오는 오버슈트의 비이다.

07 피드백제어에서 반드시 필요한 장치는 어느 것인가?

① 구동장치

② 응답속도를 빠르게 하는 장치

③ 안정도를 좋게 하는 장치

④ 입력과 출력을 비교하는 장치

해설 피드백제어에서는 입력(목표값)과 출력(제어량)을 비교하여 제어동작을 일으키는 데 필요한 신호를 만드는 비교부가 반드시 필요하다.

08 $G(s)H(s) = \dfrac{K}{s^2(s+1)^2}$ 에서 근궤적의 수는 몇 개인가?

① 4

② 2

③ 1

④ 없다.

해설 근궤적의 개수는 z와 p 중 큰 것과 일치한다.
여기서, $z : G(s)H(s)$의 유한 영점(finite zero)의 개수
$p : G(s)H(s)$의 유한 극점(finite pole)의 개수
영점의 개수 $z = 0$, 극점의 개수 $p = 4$이므로 근궤적의 수는 4개이다.

09 다음 신호흐름선도의 전달함수는?

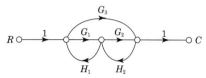

① $\dfrac{G_1 G_2 + G_3}{1 - (G_1 H_1 + G_2 H_2) - (G_3 H_1 H_2)}$

② $\dfrac{G_1 G_2 + G_3}{1 - (G_2 H_1 - G_2 H_2)}$

③ $\dfrac{G_1 G_2 - G_3}{1 - (G_2 H_1 - G_2 H_2)}$

④ $\dfrac{G_1 G_2 - G_3}{1 - (G_2 H_1 + G_2 H_2)}$

해설 $G_1 = G_1 G_2$, $\Delta_1 = 1$
$G_2 = G_3$, $\Delta_2 = 1$
$L_{11} = G_1 H_1$, $L_{21} = G_2 H_2$, $L_{31} = G_3 H_1 H_2$
$\Delta = 1 - (L_{11} + L_{21} + L_{31})$
$= 1 - (G_1 H_1 + G_2 H_2 + G_3 H_1 H_2)$

$\therefore$ 전달함수 $G = \dfrac{C}{R} = \dfrac{G_1 \Delta_1 + G_2 \Delta_2}{\Delta}$

$= \dfrac{G_1 G_2 + G_3}{1 - (G_1 H_1 + G_2 H_2 + G_3 H_1 H_2)}$

$= \dfrac{G_1 G_2 + G_3}{1 - (G_1 H_1 + G_2 H_2) - (G_3 H_1 H_2)}$

10 특성방정식이 $s^4 + s^3 + 2s^2 + 3s + 2 = 0$인 경우 불안정한 근의 수는?

① 0개

② 1개

③ 2개

④ 3개

해설 라우스(Routh)의 표

s^4	1	2	2
s^3	1	3	0
s^2	$\dfrac{2-3}{1}$	$\dfrac{2-0}{1}$	
s^1	$\dfrac{-3-2}{-1}$	0	
s^0	2		

$\therefore$ 제1열의 부호 변화가 2번 있으므로 불안정한 근의 수가 2개 있다.

01 다음의 논리회로를 간단히 하면?

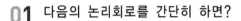
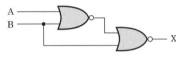

① $\overline{\text{AB}}$
② $\overline{\text{A}}\text{B}$
③ $\text{A}\overline{\text{B}}$
④ AB

해설 $X = \overline{\overline{A+B}+B} = \overline{\overline{A+B}} \cdot \overline{B} = (A+B)\overline{B}$
$= A\overline{B} + B\overline{B} = A\overline{B}$

02 그림과 같은 블록선도에서 등가합성전달함수 $\dfrac{C}{R}$는?

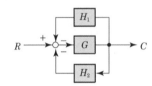

① $\dfrac{H_1 + H_2}{1 + G}$
② $\dfrac{H_1}{1 + H_1 H_2 G}$
③ $\dfrac{G}{1 + H_1 + H_2}$
④ $\dfrac{G}{1 + H_1 G + H_2 G}$

해설 $(R - CH_1 - CH_2)G = C$
$RG = C(1 + H_1 G + H_2 G)$

합성전달함수 $G(s) = \dfrac{C}{R} = \dfrac{G}{1 + H_1 G + H_2 G}$

03 $R(z) = \dfrac{(1 - e^{-aT})z}{(z-1)(z-e^{-aT})}$ 의 역변환은?

① te^{at}
② te^{-at}
③ $1 - e^{-at}$
④ $1 + e^{-at}$

해설 $\dfrac{R(z)}{z}$ 형태로 부분 분수 전개하면

$\dfrac{R(z)}{z} = \dfrac{(1 - e^{-aT})}{(z-1)(z-e^{-aT})} = \dfrac{k_1}{z-1} + \dfrac{k_2}{z-e^{-aT}}$

$k_1 = \lim_{z \to 1} \dfrac{1 - e^{-aT}}{z - e^{-aT}} = 1$

$k_2 = \lim_{z \to e^{-aT}} \dfrac{1 - e^{-aT}}{z - 1} = -1$

$\dfrac{R(z)}{z} = \dfrac{1}{z-1} - \dfrac{1}{z-e^{-aT}}$

$R(z) = \dfrac{z}{z-1} - \dfrac{z}{z-e^{-aT}}$

$\therefore r(t) = 1 - e^{-at}$

04 단위부궤환 계통에서 $G(s)$가 다음과 같을 때, $K = 2$이면 무슨 제동인가?

$$G(s) = \dfrac{K}{s(s+2)}$$

① 무제동
② 임계제동
③ 과제동
④ 부족제동

해설 $K = 2$일 때, 특성방정식은 $1 + G(s) = 0$,
$1 + \dfrac{K}{s(s+2)} = 0$
$s(s+2) + K = s^2 + 2s + 2 = 0$
2차계의 특성방정식 $s^2 + 2\delta\omega_n s + \omega_n^2 = 0$
$\omega_n = \sqrt{2}$, $2\delta\omega_n = 2$

$\therefore$ 제동비 $\delta = \dfrac{2}{2\sqrt{2}} = \dfrac{1}{\sqrt{2}} = 0.707$

$\because 0 < \delta < 1$인 경우이므로 부족제동 감쇠진동한다.

05 제어장치가 제어대상에 가하는 제어신호로 제어장치의 출력인 동시에 제어대상의 입력인 신호는?

① 목표값
② 조작량
③ 제어량
④ 동작신호

해설 **궤환제어계**

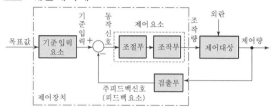

06 $G(s)H(s) = \dfrac{K(s+1)}{s^2(s+2)(s+3)}$ 에서 점근선
의 교차점을 구하면?

① $-\dfrac{5}{6}$ ② $-\dfrac{1}{5}$

③ $-\dfrac{4}{3}$ ④ $-\dfrac{1}{3}$

해설 $\sigma = \dfrac{\sum G(s)H(s)의\ 극점 - \sum G(s)H(s)의\ 영점}{p-z}$

$= \dfrac{(0-2-3)-(-1)}{4-1}$

$= -\dfrac{4}{3}$

07 $G(j\omega) = K(j\omega)^2$의 보드선도는?

① $-40[\text{dB/dec}]$의 경사를 가지며 위상각 $-180°$

② $40[\text{dB/dec}]$의 경사를 가지며 위상각 $180°$

③ $-20[\text{dB/dec}]$의 경사를 가지며 위상각 $-90°$

④ $20[\text{dB/dec}]$의 경사를 가지며 위상각 $90°$

해설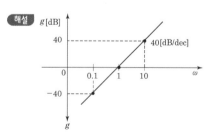

이득 $g = 20\log|G(j\omega)| = 20\log|K(j\omega)^2|$
$= 20\log K\omega^2 = 20\log K + 40\log\omega[\text{dB}]$

- $\omega = 0.1$일 때 $g = 20\log K - 40[\text{dB}]$
- $\omega = 1$일 때 $g = 20\log K[\text{dB}]$
- $\omega = 10$일 때 $g = 20\log K + 40[\text{dB}]$

∴ 이득 $40[\text{dB/dec}]$의 경사를 가지며.
위상각 $\underline{/\theta} = \underline{/G(j\omega)} = \underline{/(j\omega)^2} = 180°$

08 제어오차가 검출될 때 오차가 변화하는 속
도에 비례하여 조작량을 조절하는 동작으
로 오차가 커지는 것을 사전에 방지하는 제
어동작은?

① 미분동작제어

② 비례동작제어

③ 적분동작제어

④ 온-오프(on-off)제어

해설 **미분동작제어**
레이트동작 또는 단순히 D동작이라 하며 단독으
로 쓰이지 않고 비례 또는 비례+적분동작과 함께
쓰인다.
미분동작은 오차(편차)의 증가속도에 비례하여
제어신호를 만들어 오차가 커지는 것을 미리 방지
하는 효과를 가지고 있다.

09 다음과 같은 단위궤환제어계가 안정하기
위한 K의 범위를 구하면?

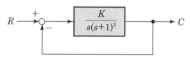

① $K > 0$ ② $K < 1$

③ $0 < K < 1$ ④ $0 < K < 2$

해설 특성방정식 $1 + G(s)H(s) = 1 + \dfrac{K}{s(s+1)^2} = 0$

$s(s+1)^2 + K = s^3 + 2s^2 + s + K = 0$
라우스의 표

s^3	1	1	0
s^2	2	K	
s^1	$\dfrac{2-K}{2}$	0	
s^0	K		

정답 06. ③ 07. ② 08. ① 09. ④

제1열의 부호 변화가 없어야 안정하므로

$\dfrac{2-K}{2} > 0,\ K > 0$

$\therefore\ 0 < K < 2$

10 그림의 신호흐름선도에서 $\dfrac{y_2}{y_1}$ 의 값은?

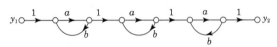

① $\dfrac{a^3}{(1-ab)^3}$ ② $\dfrac{a^3}{(1-3ab+a^2b^2)}$

③ $\dfrac{a^3}{1-3ab}$ ④ $\dfrac{a^3}{1-3ab+2a^2b^2}$

해설 $G_1 = a \cdot a \cdot a = a^3,\ \ \Delta_1 = 1$

$\sum L_{n1} = ab + ab + ab = 3ab$

$\sum L_{n2} = ab \times ab + ab \times ab + ab \times ab = 3a^2b^2$

$\sum L_{n3} = ab \times ab \times ab = a^3b^3$

$\Delta = 1 - 3ab + 3a^2b^2 - a^3b^3 = (1-ab)^3$

$\therefore$ 전달함수 $G(s) = \dfrac{y_2}{y_1} = \dfrac{G_1 \Delta_1}{\Delta} = \dfrac{a^3}{(1-ab)^3}$

01 단위부궤환 계통에서 $G(s)$가 다음과 같을 때, $K=2$이면 무슨 제동인가?

$$G(s) = \frac{K}{s(s+2)}$$

① 무제동   ② 임계제동

③ 과제동   ④ 부족제동

해설 $K=2$일 때, 특성방정식은 $1+G(s)=0$,

$1+\dfrac{K}{s(s+2)}=0$

$s(s+2)+K = s^2+2s+2=0$

2차계의 특성방정식 $s^2+2\delta\omega_n s+\omega_n^2=0$

$\omega_n=\sqrt{2}$, $2\delta\omega_n=2$

$\therefore$ 제동비 $\delta=\dfrac{2}{2\sqrt{2}}=\dfrac{1}{\sqrt{2}}=0.707$

$\because$ $0<\delta<1$인 경우이므로 부족제동 감쇠진동한다.

02 그림의 신호흐름선도에서 전달함수 $\dfrac{C(s)}{R(s)}$는?

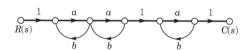

① $\dfrac{a^3}{(1-ab)^3}$ ② $\dfrac{a^3}{1-3ab+a^2b^2}$

③ $\dfrac{a^3}{1-3ab}$ ④ $\dfrac{a^3}{1-3ab+2a^2b^2}$

해설 전향경로 $n=1$

$G_1 = 1\times a\times a\times 1\times a\times 1 = a^3$, $\Delta_1=1$

$\Sigma L_{n_1} = ab+ab+ab = 3ab$

$\Sigma L_{n_2} = (ab\times ab)+(ab\times ab) = 2a^2b^2$

$\Delta = 1-\Sigma L_{n_1}+\Sigma L_{n_2} = 1-3ab+2a^2b^2$

$\therefore$ 전달함수 $\dfrac{C_{(s)}}{R_{(s)}} = \dfrac{G_1\Delta_1}{\Delta} = \dfrac{a^3}{1-3ab+2a^2b^2}$

03 $s^3+11s^2+2s+40=0$에는 양의 실수부를 갖는 근은 몇 개 있는가?

① 1   ② 2

③ 3   ④ 없다.

해설 라우스의 표

s^3	1	2
s^2	11	40
s^1	$\dfrac{22-40}{11}$	0
s^0	40	

제1열의 부호 변화가 2번 있으므로 양의 실수부를 갖는 불안정근이 2개가 있다.

04 다음 블록선도의 전달함수는?

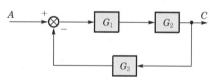

① $\dfrac{G_1 G_2}{1-G_1 G_2 G_3}$ ② $\dfrac{G_1 G_2}{1+G_1 G_2 G_3}$

③ $\dfrac{G_1}{1-G_1 G_2 G_3}$ ④ $\dfrac{G_2}{1+G_1 G_2 G_3}$

해설 $(A-CG_3)G_1 G_2 = C$

$AG_1 G_2 = C(1+G_1 G_2 G_3)$

$\therefore$ 전달함수 $G(s) = \dfrac{C}{A} = \dfrac{G_1 G_2}{1+G_1 G_2 G_3}$

05 어떤 계의 단위 임펄스 입력이 가하여질 경우, 출력이 te^{-3t}로 나타났다. 이 계의 전달함수는?

① $\dfrac{t}{(s+1)(s+2)}$ ② $t(s+2)$

③ $\dfrac{1}{(s+3)^2}$ ④ $\dfrac{1}{(s-3)^2}$

정답 01. ④ 02. ④ 03. ② 04. ② 05. ③

해설 입력 라플라스 변환

$$R(s) = \mathcal{L}[r(t)] = \mathcal{L}[\delta(t)] = 1$$

출력 라플라스 변환

$$C(s) = \mathcal{L}[c(t)] = \mathcal{L}[e^{-3t}] = \frac{1}{(s+3)^2}$$

전달함수 $G(s) = \dfrac{C(s)}{R(s)} = C(s) = \dfrac{1}{(s+3)^2}$

06 개루프 전달함수가 $G(s) = \dfrac{s+2}{s(s+1)}$ 일 때, 폐루프 전달함수는?

① $\dfrac{s+2}{s^2+s}$

② $\dfrac{s+2}{s^2+2s+2}$

③ $\dfrac{s+2}{s^2+s+2}$

④ $\dfrac{s+2}{s^2+2s+4}$

해설 폐루프 전달함수

$$G(s) = \frac{C(s)}{R(s)} = \frac{G(s)}{1+G(s)} = \frac{\dfrac{s+2}{s(s+1)}}{1+\dfrac{s+2}{s(s+1)}}$$

$$= \frac{\dfrac{s+2}{s(s+1)}}{\dfrac{s(s+1)+s+2}{s(s+1)}} = \frac{s+2}{s^2+2s+2}$$

07 다음 운동방정식으로 표시되는 계의 계수 행렬 A는 어떻게 표시되는가?

$$\frac{d^2c(t)}{dt^2} + 3\frac{dc(t)}{dt} + 2c(t) = r(t)$$

① $\begin{bmatrix} -2 & -3 \\ 0 & 1 \end{bmatrix}$

② $\begin{bmatrix} 1 & 0 \\ -3 & -2 \end{bmatrix}$

③ $\begin{bmatrix} 0 & 1 \\ -2 & -3 \end{bmatrix}$

④ $\begin{bmatrix} -3 & -2 \\ 1 & 0 \end{bmatrix}$

해설 상태변수 $x_1(t) = c(t)$

$$x_2(t) = \frac{dc(t)}{dt}$$

상태방정식 $\dot{x_1}(t) = x_2(t)$

$$\dot{x_2}(t) = -2x_1(t) - 3x_2(t) + r(t)$$

$$\begin{bmatrix} \dot{x_1}(t) \\ \dot{x_2}(t) \end{bmatrix} = \begin{bmatrix} 0 & 1 \\ -2 & -3 \end{bmatrix} \begin{bmatrix} x_1(t) \\ x_2(t) \end{bmatrix} + \begin{bmatrix} 0 \\ 1 \end{bmatrix} r(t)$$

∴ 계수 행렬(시스템 매트릭스) $A = \begin{bmatrix} 0 & 1 \\ -2 & -3 \end{bmatrix}$

08 $\overline{A} + \overline{B} \cdot \overline{C}$ 와 동일한 것은?

① $\overline{A + BC}$

② $\overline{A(B+C)}$

③ $\overline{A \cdot B + C}$

④ $\overline{A \cdot B} + C$

해설 $\overline{A(B+C)} = \overline{A} + \overline{(B+C)} = \overline{A} + \overline{B} \cdot \overline{C}$

09 특성방정식이 다음과 같다. 이를 z변환하여 z평면에 도시할 때 단위원 밖에 놓일 근은 몇 개인가?

$$(s+1)(s+2)(s-3) = 0$$

① 0

② 1

③ 2

④ 3

해설 특성방정식

$(s+1)(s+2)(s-3) = 0$

$s^3 - 7s - 6 = 0$

라우스의 표

s^3	1	-7
s^2	$(0)\varepsilon$	-6
	0을 미소 양의 실수 ε으로 대치	
s^1	$\dfrac{-7\varepsilon+6}{\varepsilon}$	
s^0	-6	

제1열의 부호 변화가 한 번 있으므로 불안정근이 1개 있다.

z평면에 도시할 때 단위원 밖에 놓일 근이 s평면의 우반평면, 즉 불안정근이다.

10 $G(s)H(s) = \dfrac{K(s+1)}{s^2(s+2)(s+3)}$ 에서 근궤적의 수는?

① 1
② 2
③ 3
④ 4

해설 • 근궤적의 개수는 z와 p 중 큰 것과 일치한다.
• 영점의 개수 $z=1$, 극점의 개수 $p=4$
∴ 근궤적의 개수는 극점의 개수인 4개이다.

전기 시리즈 감수위원

구영모 연성대학교

김우성, 이돈규 동의대학교

류선희 대양전기직업학교

박동렬 서영대학교

박명석 한국폴리텍대학 광명융합캠퍼스

박재준 중부대학교

신재현 경기인력개발원

오선호 한국폴리텍대학 화성캠퍼스

이재원 대산전기직업학교

차대중 한국폴리텍대학 안성캠퍼스

허동렬 경남정보대학교

가나다 순

05 제어공학

2021. 2. 22. 초 판 1쇄 발행
2025. 1. 8. 4차 개정증보 4판 1쇄 발행

검
인

지은이 | 전수기
펴낸이 | 이종춘
펴낸곳 | BM (주)도서출판 **성안당**
주소 | 04032 서울시 마포구 양화로 127 첨단빌딩 3층(출판기획 R&D 센터)
10881 경기도 파주시 문발로 112 파주 출판 문화도시(제작 및 물류)
전화 | 02) 3142-0036
031) 950-6300
팩스 | 031) 955-0510
등록 | 1973. 2. 1. 제406-2005-000046호
출판사 홈페이지 | www.cyber.co.kr
ISBN | 978-89-315-1335-6 (13560)
정가 | 20,000원

이 책을 만든 사람들
책임 | 최옥현
진행 | 박경희
교정·교열 | 김원갑, 최주연
전산편집 | 이지연
표지 디자인 | 임흥순
홍보 | 김계향, 임진성, 김주승, 최정민
국제부 | 이선민, 조혜란
마케팅 | 구본철, 차정욱, 오영일, 나진호, 강호묵
마케팅 지원 | 장상범
제작 | 김유석